课堂案例 9.3   课堂案例 9.4

花仙子

课堂案例 10.1.2   课堂案例 10.1.4   课堂案例 10.1.6

课堂案例 10.2.2

茂名职业技术学院

质量工程

课堂案例 10.2.3

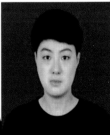

课堂案例 11.3

U0345346

课堂案例 11.4   课堂案例 12.5.2

课堂案例 12.6.2

课堂案例 12.7.5

课堂案例 12.8.10

课堂案例 12.13

课堂案例 13.1

课堂案例 13.2

课堂案例 13.3

课堂案例 12.5..4

课堂案例 13.4

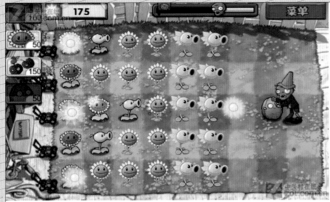

课后习题 图 2-29

课后习题 图 3-36

课后习题 图 3-35

课后习题 图 4-31

课后习题 图 5-27

课后习题 图 6-49

课后习题 图 6-50

课后习题 图 6-51

课后习题 图 6-52

课后习题 图 7-30

夏季促销

课后习题 图 8-67

课后习题 图 9-55

课后习题 图 9-54

课后习题 图 9-56

课后习题 图 10-41

课后习题 图 10-42

课后习题 图 10-43

课后习题 图 10-44

课后习题 图 11-25

课后习题 图 10-41

课后习题 图 12-106

课后习题 图 12-107

工业和信息化
人才培养规划教材

Industry And Information
Technology Training
Planning Materials

高职高专计算机系列

Photoshop CS6
互联网应用设计教程

Photoshop CS6 Internet
Application Design Tutorial

张慧 谭彩明 周洁文 ◎ 主编
廖欣南 冼浪 沈大旺 ◎ 副主编
周春 何晓园 罗俭 陈桥君 陈永梅 柯奋 付玉珍 周春秀 ◎ 参编

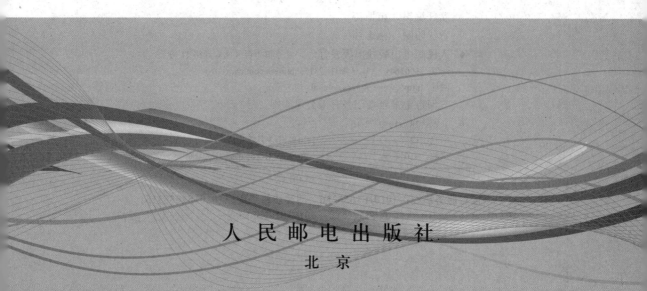

人民邮电出版社
北　京

图书在版编目（CIP）数据

Photoshop CS6 互联网应用设计教程 / 张慧，谭彩明，周洁文主编. -- 北京：人民邮电出版社，2017.3
工业和信息化人才培养规划教材. 高职高专计算机系列

ISBN 978-7-115-42162-3

Ⅰ. ①P… Ⅱ. ①张… ②谭… ③周… Ⅲ. ①图象处理软件－高等职业教育－教材 Ⅳ. ①TP391.41

中国版本图书馆CIP数据核字(2016)第079943号

内 容 提 要

本书全面系统地介绍了 Photoshop CS6，内容包括图像处理基础知识、Photoshop CS6 简介、绘制图像、选区的应用、图像调整、修复与修饰图像、文字的使用、路径的操作、色彩调整、图层的应用、通道和动作、滤镜的应用等内容。最后一章综合实例，围绕着互联网应用设计，讲解了 4 个典型实例：制作手机 App 界面、制作网站页面效果、淘宝促销广告设计、化妆品广告设计。

本书介绍的基本操作都有相关案例的配套，每个案例都有详细的操作步骤，课后有对应的习题。全书通过大量的案例和练习，着重于对学生实际应用能力的培养，可以拓展学生对软件的综合应用能力。

本书适合作为高职高专院校平面设计相关课程的教材，也可供初学者自学参考。

◆ 主　编　张　慧　谭彩明　周洁文
　　副主编　廖欣南　冼　浪　沈大旺
　　参　编　周　春　何晓园　罗　俭　陈桥君　陈永梅
　　　　　　柯　奋　付玉珍　周春秀
　　责任编辑　范博涛
　　责任印制　焦志炜

◆ 人民邮电出版社出版发行　　北京市丰台区成寿寺路 11 号
　　邮编　100164　　电子邮件　315@ptpress.com.cn
　　网址　http://www.ptpress.com.cn
　　三河市中晟雅豪印务有限公司印刷

◆ 开本：787×1092　1/16
　　印张：12.5　　　　　　　　　　2017 年 3 月第 1 版
　　字数：310 千字　　　　　　　　2017 年 3 月河北第 1 次印刷

定价：35.00 元

读者服务热线：(010)81055256　印装质量热线：(010)81055316
反盗版热线：(010)81055315

前　言

Photoshop 是由 Adobe 公司开发和发行的图像处理软件，被誉为当今最强大的图像处理软件，深受图形图像处理工作人员的喜爱。它可以用于平面设计、网页设计、广告设计、婚纱影楼设计等诸多领域。

目前，我国很多高职院校都开设有平面设计或数字媒体艺术设计专业或课程，Photoshop 图像处理是这些课程的必修内容。本书全面、系统地介绍了 Photoshop 图像处理，共分 13 章，内容如下。

第 1 章　图像处理基础知识：主要介绍了图像处理的相关知识。

第 2 章　Photoshop CS6 简介：主要介绍了 Photoshop CS6 的基础操作，包括文件的基本操作，图层的基本操作。

第 3 章　绘制图像：主要介绍了使用画笔工具组、橡皮擦工具组等相关绘图工具的操作方法。

第 4 章　选区的应用：主要介绍了选区的创建、编辑和存储等操作。

第 5 章　图像调整：主要介绍了调整图像的大小、调整画布和图像的裁剪、变换等操作。

第 6 章　修复与修饰图像：主要介绍了瑕疵图像的修复和图像的修饰等操作。

第 7 章　文字的使用：主要介绍了文字的创建、编辑、变形和使用路径排版文字等操作。

第 8 章　路径的操作：主要介绍了路径的创建工具钢笔工具和形状工具的使用、路径与选区的转换、路径填充和描边等操作。

第 9 章　色彩调整：主要介绍了色彩的基础知识、图像色彩的调整和图像色调的调整等内容。

第 10 章　图层的应用：主要介绍了图层蒙版的种类、图层蒙版的操作和图层样式的相关内容。

第 11 章　通道和动作：主要介绍了通道的作用、利用通道改变色调、动作的创建和使用动作进行批处理等操作。

第 12 章　滤镜的应用：主要介绍了各种滤镜的参数及作用。

第 13 章　综合实例：通过几个案例综合讲解了 Photoshop 的使用。

本书的参考学时为 75 学时，各章的参考学时见下面的学时分配表。

章节	课程内容	学时分配	
		讲授	实训
第 1 章	图像处理基础知识	2	
第 2 章	Photoshop CS6 简介	3	1
第 3 章	绘制图像	3	2
第 4 章	选区的应用	3	2
第 5 章	图像调整	3	2

章节	课程内容	学时分配	
		讲授	实训
第 6 章	修复与修饰图像	4	3
第 7 章	文字的使用	4	3
第 8 章	路径的操作	4	3
第 9 章	色彩调整	5	4
第 10 章	图层的应用	3	2
第 11 章	通道和动作	4	3
第 12 章	滤镜的应用	5	4
第 13 章	综合实例	2	1
课时总计		45	30

　　特别声明：书中引用的图片及有关作品仅供教学分析使用，版权归原作者所有，在此向作者表示衷心的感谢。

　　本书由张慧、谭彩明、周洁文任主编，廖欣南、冼浪、沈大旺任副主编，参与本书编写的还有周春、何晓园、罗俭、陈桥君、陈永梅、柯奋、付玉珍、周春秀等。由于作者水平有限，书中难免存在错误和不妥之处，敬请广大读者批评指正。

编　者
2016 年 12 月

目 录 CONTENTS

第1章　图像处理基础知识　1

1.1　位图与矢量图　1
  1.1.1　矢量图　1
  1.1.2　位图　2
1.2　像素和分辨率　2
  1.2.1　像素　2

1.2.2　图像尺寸　2
1.2.3　图像分辨率　2
1.3　图像的色彩模式　3
1.4　常用的图像文件格式　4

第2章　Photoshop CS6 简介　5

2.1　Photoshop CS6 工作界面　5
2.2　文件操作　8
  2.2.1　新建文件　8
  2.2.2　保存文件　8
  2.2.3　打开文件　9
  2.2.4　关闭文件　9
2.3　图层基本应用　9
  2.3.1　图层的概述　9
  2.3.2　图层面板　10
  2.3.3　选择图层　11

2.3.4　新建图层　12
2.3.5　复制图层　12
2.3.6　删除图层　12
2.3.7　图层重命名　13
2.3.8　显示与隐藏图层　13
2.3.9　图层对象的对齐与分布　13
2.3.10　合并图层　14
2.3.11　图层组的操作　14
2.4　课堂案例——制作藤蔓相框　14

第3章　绘制图像　18

3.1　画笔工具组　18
  3.1.1　画笔工具　18
  3.1.2　铅笔工具　22
  3.1.3　颜色替换工具　22
  3.1.4　混合器画笔工具　23
3.2　设置前景色与背景色　23

3.3　课堂案例——绘制卡通画　24
3.4　橡皮擦工具组　28
  3.4.1　橡皮擦工具　28
  3.4.2　背景橡皮擦工具　28
  3.4.3　魔术橡皮擦　29
3.5　课堂案例——制作狗粮广告　29

第4章　选区的应用　32

4.1　创建选区的方法　32
4.2　创建选区的工具　32
  4.2.1　选框工具的使用　33
  4.2.2　套索工具　35
  4.2.3　魔棒工具　36

4.2.4　快速选择工具　37
4.3　创建颜色相似选区　37
  4.3.1　"调整边缘"命令　37
  4.3.2　"色彩范围"命令　38
4.4　常用的选区编辑命令　39

4.5 修改选区	40	4.8 描边和填充选区	42
4.6 变换选区	40	4.8.1 描边	42
4.7 储存和载入选区	41	4.8.2 填充选区	42
4.7.1 存储选区	41	4.9 课堂案例——制作超级电视	43
4.7.2 载入选区	41	4.10 课堂案例——制作微笑气泡	43

第 5 章　图像调整　44

5.1 图像大小	44	5.5.1 自由变换	48
5.2 课堂案例——调整图像的大小	45	5.5.2 变形	48
5.3 画布尺寸的调整	45	5.6 课堂案例——制作淘宝广告	48
5.4 图像裁剪	47	5.7 图像旋转	50
5.5 图像变形	48		

第 6 章　修复与修饰图像　52

6.1 修复画笔工具组	52	6.5 模糊锐化涂抹工具	60
6.1.1 污点修复画笔工具	52	6.5.1 模糊工具	60
6.1.2 修复画笔工具	53	6.5.2 锐化工具	60
6.1.3 修补工具	54	6.5.3 涂抹工具	61
6.1.4 内容感知移动工具	54	6.6 加深减淡海绵工具	61
6.1.5 红眼工具	55	6.6.1 加深工具	61
6.2 课堂案例——修复照片	56	6.6.2 减淡工具	62
6.3 图章工具组	58	6.6.3 海绵工具	62
6.3.1 仿制图章工具	58	6.7 课堂案例——给人物化妆	63
6.3.2 图案图章工具	58	6.8 历史记录画笔工具组	64
6.4 课堂案例——去除照片中多余的		6.8.1 历史记录画笔工具	64
物体	59	6.8.2 历史记录艺术画笔	65

第 7 章　文字的使用　67

7.1 文字工具	67	7.2.2 变形文字	70
7.1.1 创建横排文字	68	7.3 课堂案例——创建变形文字	71
7.1.2 输入直排文字	69	7.4 路径文字	73
7.2 段落文字和变形文字	69	7.5 课堂案例——制作舞蹈协会广告	74
7.2.1 输入段落文字	69		

第 8 章　路径的操作　76

8.1 形状工具组	76	8.1.2 圆角矩形工具、椭圆工具和	
8.1.1 矩形工具	77	多边形工具	77

8.1.3	直线工具	78
8.1.4	自定义形状工具	78
8.2	课堂案例——奔驰 Logo 的制作	79
8.3	钢笔工具组	79
8.3.1	路径绘制工具	80
8.3.2	钢笔工具的使用	82
8.3.3	自由钢笔工具的使用	83
8.3.4	添加锚点工具的使用	83

8.3.5	删除锚点工具的使用	84
8.3.6	转换点工具的使用	84
8.4	路径选择工具和直接选择工具	84
8.5	路径与选区间的转换	85
8.6	路径的填充与描边	86
8.7	课堂案例——钢笔工具抠图	88
8.8	课堂案例——设计制作促销广告字体	89

第9章　色彩调整　92

9.1	颜色的基本概念	92
9.1.1	颜色的基本属性	92
9.1.2	图像的色彩模式	93
9.2	色彩调整	95
9.2.1	色阶	95
9.2.2	曲线	96
9.2.3	亮度/对比度	97
9.2.4	曝光度	98
9.2.5	色相/饱和度	98
9.2.6	色彩平衡	99
9.2.7	替换颜色	100
9.2.8	可选颜色	101
9.2.9	匹配颜色	101
9.2.10	反相	103

9.2.11	黑白	103
9.2.12	去色	104
9.2.13	照片滤镜	104
9.2.14	通道混合器	105
9.2.15	渐变映射	106
9.2.16	色调均化	106
9.2.17	阈值	107
9.2.18	色调分离	107
9.2.19	变化	108
9.2.20	阴影/高光	108
9.2.21	HDR 色调	109
9.3	课堂案例——改变季节	110
9.4	课堂案例——调整图像色调	111

第10章　图层的应用　114

10.1	蒙版	114
10.1.1	矢量蒙版	114
10.1.2	课堂案例——利用矢量蒙版制作相片模板	114
10.1.3	剪贴蒙版	116
10.1.4	课堂案例——利用剪贴蒙版制作多彩文字	116
10.1.5	图层蒙版及其操作	117

10.1.6	课堂案例——制作节日广告	118
10.2	图层样式	120
10.2.1	图层样式的基本操作	120
10.2.2	课堂案例——制作网站导航条	121
10.3	图层混合模式	123
10.3.1	混合模式简介	123
10.3.2	课堂案例——制作网页 banner	125

第11章　通道和动作　128

11.1	通道的基础知识	128
11.1.1	通道的定义	128

11.1.2	Photoshop 通道分类	128
11.1.3	通道的功能	129

11.2 通道的操作   130
    11.2.1 新建 Alpha 通道   130
    11.2.2 复制和删除通道   130
    11.2.3 分离通道   130
    11.2.4 保存选区至通道   130
11.3 课堂案例——通道抠图   131

11.4 课堂案例——修改图像颜色   133
11.5 动作   134
    11.5.1 创建新组   134
    11.5.2 创建新动作   134
    11.5.3 录制动作   135
    11.5.4 播放动作   135

第 12 章　滤镜的应用　137

12.1 滤镜   137
    12.1.1 认识滤镜   137
    12.1.2 滤镜的使用规则   138
    12.1.3 滤镜的使用技巧   138
    12.1.4 滤镜的一般使用方法   139
12.2 智能滤镜   139
    12.2.1 应用智能滤镜   139
    12.2.2 修改智能滤镜   140
12.3 滤镜库   141
12.4 镜头校正滤镜   142
12.5 液化滤镜和消失点滤镜   143
    12.5.1 液化滤镜   143
    12.5.2 课堂案例——利用液化滤镜给
        人物瘦身   144
    12.5.3 消失点滤镜   144
    12.5.4 课堂案例——去除图像中的
        杂物   145
12.6 风格化滤镜组   147
    12.6.1 风格化滤镜组   147
    12.6.2 课堂案例——制作特效文字   148
12.7 模糊滤镜组   150
    12.7.1 场景模糊、光圈模糊和倾斜偏移   150

    12.7.2 动感模糊、径向模糊和高斯
        模糊   152
    12.7.3 表面模糊、特殊模糊   154
    12.7.4 其他模糊   155
    12.7.5 课堂案例——制作汽车运动
        效果   156
12.8 扭曲滤镜组   158
    12.8.1 波浪   158
    12.8.2 波纹   158
    12.8.3 极坐标   159
    12.8.4 挤压   159
    12.8.5 切变   160
    12.8.6 球面化   160
    12.8.7 水波   161
    12.8.8 旋转扭曲   161
    12.8.9 置换   162
    12.8.10 课堂案例——绘制棒棒糖   162
12.9 锐化滤镜组   164
12.10 像素化滤镜组   165
12.11 渲染滤镜组   166
12.12 杂色滤镜组   168
12.13 课堂案例——绘制水晶花朵   169

第 13 章　综合实例　172

13.1 实例一：制作手机 App 界面   172
    13.1.1 基础知识要点与制作思路   172
    13.1.2 制作步骤   173
13.2 实例二：制作网站页面效果   182
    13.2.1 基础知识要点与制作思路   182
    13.2.2 制作步骤   183

13.3 实例三：淘宝促销广告设计   188
    13.3.1 基础知识要点与制作思路   188
    13.3.2 制作步骤   188
13.4 实例四：化妆品广告设计   190
    13.4.1 基础知识要点与制作思路   190
    13.4.2 制作步骤   190

PART 1

第 1 章
图像处理基础知识

本章主要介绍图像相关的基础知识，包括图像的分辨率、色彩模式和文件格式等。

学习目标

- 了解图像处理的基础知识
- 理解位图与矢量图的概念
- 了解图像的色彩模式
- 了解常用的图像文件格式

1.1 位图与矢量图

在计算机中，图像是以数字方式记录的，所以图像也是一种数字化的信息。图像主要分两类：位图图像和矢量图图像。

1.1.1 矢量图

矢量图像也叫作向量图像，是由数学方式描述的曲线组成的，其基本组成单元是锚点和路径。矢量图是根据几何特性来绘制图形，矢量可以是一个点或一条线，矢量图只能靠软件生成，文件占用磁盘空间较小，因为这种类型的图像文件包含独立的分离图像，可以自由无限制地重新组合。矢量图像与分辨率无关，可以将其缩放到任意尺寸，按任意分辨率打印都不会丢失细节和降低清晰度，如图 1-1 所示。

图 1-1 矢量图放大

矢量图的特点是放大后图像不会失真，适用于图形设计、文字设计和一些标志设计、版式设计等。制作矢量图的软件有 CorelDraw、FreeHand 和 Illustrator 等。

1.1.2　位图

位图图像又称为点阵图像或栅格图像，是由许许多多的点组成的，这些点被称为像素。当把位图图像放大到一定程度显示时，在计算机屏幕上就可以看到一个个方形小色块，如图 1-2 所示，这些色块就是组成图像的像素。

图 1-2　位图图像放大

位图图像通过记录下每个像素的位置和颜色信息来保存图像。因此图像的像素越多，每个图像的颜色信息越多，该图像文件所占的磁盘空间也就越大。

1.2　像素和分辨率

1.2.1　像素

像素是图像的基本单位。图像是由许多小方块组成的，每一个小方块就是一个像素，每一个像素只能显示一种颜色。一个图像文件的像素越多，包含的图像信息越多，就越能表现更多的细节，图像质量也就越高。

1.2.2　图像尺寸

在制作图像的过程中，可以根据制作需求改变图像的尺寸或分辨率。在改变图像尺寸之前要考虑图像的像素是否发生变化，如果图像的像素总量不变，提高分辨率将缩小打印尺寸，提高打印尺寸将降低分辨率；如果图像的像素总量发生变化，可以在提高打印尺寸的同时保持图像的分辨率不变，反之亦然。

1.2.3　图像分辨率

图像分辨率是图像中每单位长度所含有的像素数的多少，通常用像素/英寸（dpi）或像素/厘米（cm）来表示。

一幅分辨率为 72dpi 的 1×1 英寸大小的图像总共包含 5184 个像素（72×72=5184）；同样是 1×1 英寸大小，当分辨率为 300dpi 时，图像总共包含 90000 个像素。由此可见，高分辨率的图像比相同尺寸低分辨率的图像包含的像素多。

图像中的像素点越小越密，越能表现图像色调的细节变化，如图 1-3 与图 1-4 所示。

图 1-3　分辨率为 72dpi 的图像放大两倍

图 1-4　分辨率为 300dpi 的图像放大两倍

1.3　图像的色彩模式

常用的图像色彩模式有 RGB 模式和 CMYK 模式。另外，还有索引模式、灰度模式、位图模式、双色调模式、多通道模式和 Lab 模式等。

1. CMYK 模式

CMYK 也称作印刷色彩模式，顾名思义就是用来印刷的。CMYK 代表了印刷上用的四种油墨色，即青、洋红（品红）、黄、黑四种色彩。

CMYK 模式在印刷时应用了色彩学中的减色混合原理，即减色色彩模式，它是图片最常用的一种印刷方式。因为在印刷中通常都要进行四色分色，出四色胶片，然后再进行印刷。

2. RGB 模式

RGB 色彩模式是工业界的一种颜色标准，是通过对红（R）、绿（G）、蓝（B）3 个颜色通道的变化及它们相互之间的叠加来得到各式各样的颜色的，RGB 即是代表红、绿、蓝 3 个通道的颜色，这个标准几乎包括了人类视力所能感知的所有颜色，是目前运用最广的颜色系统之一。

在 RGB 色彩模式中，三种颜色组件各具有 256 个亮度级，用 0~255 整数值来表示，3 种颜色叠加就能生成 1600 多万种色彩。

3. 灰度模式

灰度模式，灰度图又叫 8 位深度图。每个像素用 8 个二进制位表示，能产生 256 级灰色调。当一个彩色文件被转换成灰度模式文件时，所有的颜色信息都将从文件中丢失，只留下亮度。

像黑白照片一样，一个灰度模式的图像只有明暗值，没有色相和饱和度这两种颜色信息。

1.4 常用的图像文件格式

为了便于数码图像的处理和显示输出，需要将数码图像以一定的方式存储在计算机中。图像格式就是将某种数码图像的数据存储于文件中时所采用的记录格式。

1. PSD 文件格式

PSD 格式是 Photoshop 软件的专用格式，且是唯一支持所有可用图像模式、参考线、专色通道和图层的格式。因此，对于没有编辑完成，下次需要继续编辑的文件最好保存为 PSD 格式。

2. JPEG 文件格式

JPEG 格式是一种高压缩比的、有损真彩色图像的文件格式。其最大的特点是文件比较小，可以进行高倍率压缩，因而在注重文件大小的领域应用比较广泛，比如网络上的绝大部分要求高颜色深度的图像都采用 JPEG 格式。如果对图像质量要求不高，但又要求存储大量图片，使用 JPEG 无疑是一个好办法。但是，对于要进行打印输出的图像，最好不要使用 JPEG 格式，因为它是以损坏图像质量为代价米提高压缩质量的。

3. BMP 文件格式

BMP 是英文 Bitmap 的简写，它是 Windows 平台标准的位图格式，使用非常广泛，一般的软件都提供了非常好的支持。这种格式的特点是包含的图像信息较丰富，几乎不进行压缩，但由此也导致 BMP 格式的图像占用磁盘空间过大。

4. GIF 文件格式

GIF 格式也是一种常用的图像格式。它最多能够保存 256 种颜色，并且使用 LZW 压缩方式压缩文件，因此 GIF 格式保存的文件非常小，不会占用太多的磁盘空间，非常适合 Internet 上的图像传输。GIF 格式还可以保存动画。

5. TIFF 文件格式

TIFF 格式是印刷行业标准的图像格式，通用性强，几乎所有的图像处理软件和排版软件都提供了很好的支持，因此被广泛应用于程序之间和计算机平台之间进行图像数据交换。

TIFF 格式支持 RGB、CMYK、Lab、索引颜色、位图和灰度颜色模式，并且在 RGB、CMYK 和灰度 3 种颜色模式中还支持通道、图层和路径。

6. PNG 文件格式

PNG（Portable Network Graphics，轻便网络图像）格式不同于 GIF 格式。PNG 格式可以保存 24 位的真彩色图像，并且具有支持透明背景和消除锯齿边缘的功能，可以在不失真的情况下压缩保存图像。但由于并不是所有的浏览器都支持 PNG 格式，所以该格式的使用范围没有 GIF 格式和 JPEG 格式广泛。

PART 2　第2章
Photoshop CS6 简介

本章主要介绍 Photoshop CS6 的基础，包括 Photoshop CS6 的工作界面和常用的基本操作，重点介绍了文件的相关操作和图层的基础操作。

学习目标

- 了解 Photoshop CS6 的工作界面
- 掌握 Photoshop CS6 文件的基本操作
- 掌握图层的基础操作

2.1　Photoshop CS6 工作界面

运行 Photoshop CS6 程序，单击"文件"菜单中的"打开"命令，打开一幅图像后即可看到图 2-1 所示的工作界面。

图 2-1　Photoshop CS6 工作界面

从图中可以看出，Photoshop 工作界面由菜单栏、工具选项栏、图像窗口、工具箱、面板区、状态栏等部分组成。

1.菜单栏

菜单栏包括文件、编辑、图像、图层等 10 个菜单项，分别放置了 Photoshop 的大部分操作命令。需要使用某个命令时，首先单击相应的菜单名称，然后从下拉菜单列表中选择相应的命令即可。一些常用的菜单命令右侧显示有该命令的快捷键，如"曲线"命令的快捷键为Ctrl+M，按Ctrl+M可以打开"曲线"对话框。

各个菜单项的主要作用如下。

- 文件：用于对图像文件进行操作，包括文件的新建、保存和打开等。
- 编辑：用于对图像进行编辑操作，包括剪切、复制、粘贴和定义画笔等。
- 图像：用于调整图像的色彩模式、色调和色彩，以及图像和画布的大小等。
- 图层：用于对图像中的图层进行编辑操作。
- 选择：用于创建选择区域和对区域进行编辑。
- 文字：用于文字的编辑和处理。
- 滤镜：用于对图像进行扭曲、模糊和渲染等滤镜效果的制作和处理。
- 视图：用于缩小或放大图像的显示比例、显示或隐藏标尺和网格等。
- 窗口：用于对 Photoshop CS6 工作界面的各个面板进行显示和隐藏。
- 帮助：用于为用户提供使用 Photoshop CS6 的帮助信息。

2. 工具箱

工具箱位于工作界面的左侧，包括选择工具、绘图工具、钢笔路径工具、视图控制工具和颜色设置工具等。图 2-2 列出了工具箱中各工具及子工具的名称。

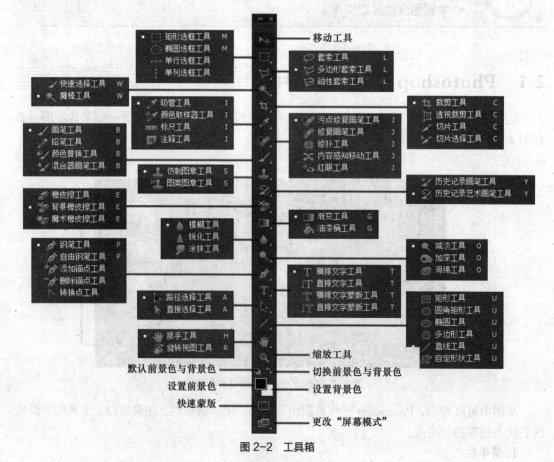

图 2-2　工具箱

一些工具的右下角有一个小三角形符号▄，表示这个工具下有一组工具，可以在该工具按钮上单击鼠标右键，这时就会显示出该工具组中的其他工具。

3. 工具选项栏

工具选项栏位于菜单栏的下方，当用户在工具箱中选择一个工具时，选项栏就会显示相应的工具选项，以便用户对当前所选的工具进行参数设置。工具选项栏显示的内容随选取工具的不同而不同。

4. 面板区

面板是 Photoshop 的特色界面之一，默认位于工作界面的右侧，可以自由地拆分、组合和移动。通过面板，可以对 Photoshop 图像的图层、通道、路径、历史记录、动作等进行操作和控制。

Photoshop CS6 默认将面板区分为两列显示，如图 2-3 所示。其中左侧一列为次常用面板，包括历史记录、信息、字符和画笔预设等，因为这些面板在日常工作中使用并不是很频繁，因此将其缩小为图标显示状态，以节省屏幕空间。当需要某个面板时，单击该面板图标即可展开，不需要时再次单击该图标，又可以将其缩小为图标。显示在右侧的一列面板为常用面板，这些面板在日常工作中使用较为频繁，如色板、图层等，这些面板默认为展开状态，一般以后快速操作。

（1）分离和组合面板

为了便于操作，面板除了可以堆栈在一起外，还可以根据需要将面板进行分离和任意组合。

● 分离面板：在面板的标签上单击并拖拽到窗口中，可以将该面板从组合面板中分离出来。

● 组合面板：用鼠标在面板的标签上单击并拖拽到另一面板上，当面板上出现黑色的粗方框时，松开鼠标即可将该面板组合到另一面板中。

另外，单击面板右上角的 ▼═ 按钮，还可以打开面板的快捷菜单，通过菜单中的命令，可以对图像做进一步的设定和处理。

（2）显示和隐藏面板

如果用户需要使用的面板没有出现在程序窗口中，在"窗口"菜单中勾选该面板命令即可显示该面板；反之，隐藏该面板。

5. 图像窗口

图像窗口是 Photoshop 显示、绘制和编辑图像的主要操作区域，可以对其进行移动、调整大小、最大化、最小化和关闭等操作。图像窗口的标题栏除了有当前图像文件的名称外，还有图像的显示比例、色彩模式等信息。

6. 状态栏

状态栏位于图像窗口的底部，主要由 3 个部分组成，用于显示当前图像的显示比例、图像文件的大小及当前工具使用提示等信息，如图 2-4 所示。

图 2-3　面板区

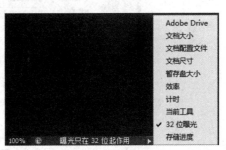

图 2-4　状态栏

2.2 文件操作

文件的相关操作包括新建文件、打开文件、保存文件等。

2.2.1 新建文件

若要新建一个文件，选择"文件"|"新建"命令或按 Ctrl+N 组合键，将会弹出"新建"对话框，如图 2-5 所示，用户可以通过该命令新建文件。

其中各项参数如下。

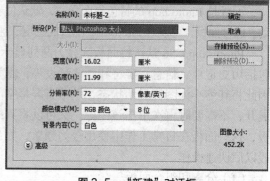

图 2-5 "新建"对话框

- 名称：用于输入文件的名称。
- 高度和宽度：用于设置图像的高度和宽度。
- 分辨率：用于设置每英寸图像的显示点数，默认值是 72 像素/英寸。
- 颜色模式：用于选择创建图像的色彩模式。
- 背景内容：用于设置创建图像的底色。

2.2.2 保存文件

选择"文件"|"存储"命令或按 Ctrl+S 组合键即可保存文件，该项命令将把编辑过的文件以原路径、原文件名、原文件格式存入磁盘中，将覆盖掉原始的文件。

选择"文件"|"存储为"命令或按 Ctrl+Shift+S 组合键，将会弹出"存储为"对话框，如图 2-6 所示，在此对话框中，可以设置文件保存的路径、文件名和格式。

图 2-6 存储为对话框

2.2.3 打开文件

若要打开一个文件，可以选择"文件"|"打开"命令或按 Ctrl+O 组合键，将会弹出"打开"对话框，如图 2-7 所示。

图 2-7　"打开"对话框

2.2.4 关闭文件

关闭文件主要有以下几种方式。

- 执行"文件"|"关闭"命令或按 Ctrl+W 组合键，可以关闭当前文档。
- 执行"文件"|"关闭全部"命令或按 Alt+Ctrl+W 组合键，可以关闭当前所有打开的文档。
- 执行"文件"|"退出"命令或按 Ctrl+Q 组合键，可以关闭 Photoshop CS6。

2.3　图层基本应用

2.3.1　图层的概述

图层是非常重要的概念，它是构成 Photoshop 中图像处理的重要组成单位，可以说是 Photoshop 的核心，几乎所有的应用都是基于图层的。学会使用图层是学习 Photoshop 的关键一步。

图层就是一层一层叠放的图片。实际上，图层就像是含有文本或图像等元素的一张透明的玻璃纸，将这些透明的玻璃纸按顺序叠放在一起就是图层的堆叠关系。图层上没有图像的区域会透出它下面一层的内容，每个图层都是相对独立并可以编辑的，通过对每个图层中的元素进行编辑、精确定位，堆叠起来最终就可以合成一副完整的图画。

图层具有透明性、独立性和遮盖性 3 个特点。

1. 透明性

默认情况下，最底层为不透明的"背景"图层，其上面的图层在新建时都是没有颜色的透明图层。用户可以在新图层中加入文本、图片等，也可以在里面再嵌套图层，只要这个图层中还有透明区域，就可以透过图层的透明区域看到其下面的图层。

2. 独立性

每个图层都可以独立编辑，用户可以对每个图层的图像进行移动、修改、删除和添加特效等操作，对其他图层没有影响。

3. 遮盖性

当某个图层被加入内容后，有颜色的区域就会遮盖其下面的图层内容，可以通过调整图层的堆叠顺序来选择需要显示的图像部分。

2.3.2 图层面板

要使用图层编辑图像，一般需要显示图层面板。图层面板是编辑、管理图层的最佳工具。默认情况下，图层面板位于工作界面的右下方，如图 2-8 所示。

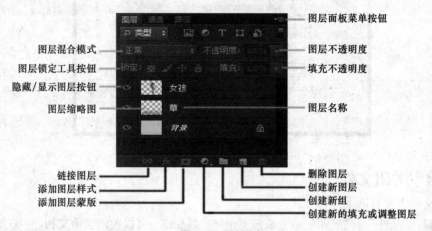

图 2-8 图层面板

图层面板中各部分的功能如下。

（1）图层混合模式：用于设置当前图层与下一个图层颜色合成的方式，不同的合成方式会得到不同的效果。

（2）图层锁定工具栏：可以将图层编辑的某些功能锁住，避免破坏图层中的图像。各按钮功能如下。

- 锁定透明像素▨：对某一图层锁定该项，可以将编辑操作限制在该图层的不透明部分，相当于保留透明区域。
- 锁定图像像素✎：对某一图层锁定该项，可以防止使用绘画工具修改该图层的像素。
- 锁定位置✛：对某一图层锁定该项，可以防止移动该图层的像素。不能进行移动、自由变换等编辑操作，但可以进行填充、描边、渐变等绘图操作。
- 锁定全部🔒：单击该按钮则完全锁定图层的任何绘图操作和编辑操作，如删除图层、图层混合模式、不透明度和滤镜等。

（3）图层面板菜单：单击该按钮将弹出一个下拉菜单，显示对图层编辑的一些主要操作，如图 2-9 所示。

（4）图层不透明度：用于设定当前图层的不透明度，图层不透明度决定了它遮蔽或显示其下面图层的程度。不透明度为 0%的图层是完全透明的，而透明度为 100%的图层则完全不透明。图 2-10 显示女孩所在图层的不透明度分别是 100%、50%、0%时，显示女孩的不同效果。

图 2-9　图层面板菜单

100%

50%

0%

图 2-10　图层不透明度的影响

（5）图层填充不透明度：用于设定当前图层内填充像素的不透明度。填充不透明度影响图层中绘制的像素或图层上绘制的形状。它与图层不透明度区别的是，图层不透明度对应用于该图层的图层样式和混合模式仍然有效，但填充不透明度对已应用于该图层上的图层效果没有影响，如图 2-11 所示。其中左侧女孩图层设置为：不透明度 100%，填充不透明度 30%，描边。右侧女孩图层设置为：不透明度 30%，填充不透明度 100%，描边。

（6）眼睛图标：单击某一图层左侧的"眼睛"图标，可以显示或隐藏该图层，图标出现代表图层可见，反之则不可见。

（7）图层缩略图：以缩小的方式显示图层中的内容。可以按住 Ctrl 键，单击某一图层的图层缩略图，即可载入该图层的像素作为选区。

图 2-11　填充不透明度的影响

（8）图层名称：默认情况下，新建的图层以"图层 1""图层 2"命名，用户为了方便操作可以对图层进行重命名，双击原有的图层名即可进行图层名称的编辑。

2.3.3　选择图层

要对图层进行编辑操作，首先要正确选择图层。在"图层"面板中单击要选择的图层，即可选中图层。要选择多个连续的图层，可以单击第一个图层，然后按住 Shift 键单击最后一个图层。要选择多个不连续的图层，可以按住 Ctrl 键单击所有要选择的图层。

2.3.4　新建图层

新建图层即创建一个新的空白图层，新建的图层将位于图层面板所选图层的上面，常用的操作方法如下。

1.使用"创建新图层"按钮创建图层

用鼠标单击图层面板右下角的 ▪ 按钮，就会自动在当前图层上面创建一个新图层，如图 2-12 所示。

2.使用菜单命令创建图层

通过菜单命令创建图层的方法如下。

选择"图层"|"新建"|"图层"命令，或按 Shift+Ctrl+N 组合键，弹出"新建图层"的对话框，如图 2-13 所示。在"名称"文本框里输入图层的名字，选择图层标签的颜色，单击确定即可新建一个空白图层，如图 2-14 所示。

图 2-12　创建新图层

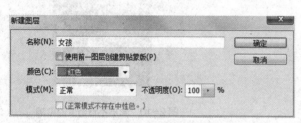

图 2-13　"新建图层"对话框

图 2-14　创建空白图层

2.3.5　复制图层

复制图层是将当前图层的所有内容进行复制，并得到一个新的图层，图层面板中复制的图层名称自动命名为该图层名的副本，方法如下。

选中要复制的图层，按住鼠标左键不放将要复制的图层拖到图层面板右下角的 ▪ 按钮处，就会自动在当前图层的上面复制一个新的图层，如图 2-15 所示。

图 2-15　复制图层

2.3.6　删除图层

选中要删除的图层，单击图层面板右下角的 🗑 按钮，即可删除该图层。

2.3.7 图层重命名

选中要改名的图层，在图层名称处双击，即可在文本框内输入新的图层名称，如图 2-16
所示。

图 2-16 重命名

2.3.8 显示与隐藏图层

在图层面板中，单击要隐藏的图层左侧的 ◉ 图标，关闭此图标后，该图层的所有对象不
可见。如果要再次显示该图层时，只需要再次单击这个位置，显示 ◉ 图标，则该图层的所有
对象就显示出来了。

2.3.9 图层对象的对齐与分布

图层对齐命令只有在当前工具为"移动工具"时才可用。选择好要进行对齐操作的图层，
就可以使图层中的图像按照选项栏上的设置要求进行对齐了。移动工具的属性栏如图 2-17
所示。

图 2-17 移动工具属性栏

图层对齐的按钮有：顶对齐 ▮、垂直居中 ▮、底对齐 ▮、左对齐 ▮、水平居中对齐 ▮、
和右对齐 ▮。对齐效果如图 2-18 所示。

图层分布的按钮有：按顶分布 ▮、垂直居中分布 ▮、按底分布 ▮、按左分布 ▮、水平
居中分布 ▮、按右分布 ▮。分布的效果如图 2-19 所示。

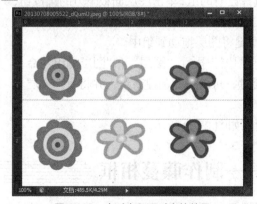

图 2-18 底对齐和顶对齐的效果

图 2-19　按左分布和按顶分布的效果

2.3.10　合并图层

合并图层是指将所有选择的图层合并成一个图层。可以通过合并图层来简化对图层的管理，并且可以缩小图像文件的大小。图层的合并是永久行为，在存储后不能恢复到未合并时的状态。

合并图层有以下几种方法。

- 选择要合并的多个图层，执行"图层"|"合并图层"命令或者按 Ctrl+E 组合键。
- 要合并相邻的两个图层，选择上一个图层，执行"图层"|"向下合并"，该图层会与它下面一个相邻的图层合并。
- 要把所有可见的图层合并，可以按 Shift+Ctrl+E 组合键。

2.3.11　图层组的操作

当图像文件中的图层过多难以管理时，图层组可以帮助用户管理和组织图层，也可以通过调整图层组的位置来改变图像的效果。对图层编组后，可以对同一组的所有图层进行统一的操作。

1. 创建组

创建组的方法有两种。

- 执行"图层"|"新建"|"组"命令。
- 选择图层面板下面的 ▢ 按钮。

2. 将图层添加到组

将图层添加到组的方法有以下几种。

- 在图层面板中，选择已有的组，单击图层面板下方的 ▢ 按钮，即可在该组中新建图层。
- 选择图层，按住左键将图层拖动到组中。
- 选择要编组的所有图层，执行"图层"|"图层编组"命令或按 Ctrl+G 组合键，可以自动创建新组，并将所选图层添加到新组中。

图层编组后的图层面板如图 2-20 所示。

图 2-20　图层编组

2.4　课堂案例——制作藤蔓相框

本案例通过制作藤蔓相框介绍图层的基础操作，效果图如图 2-21 所示。

图 2-21　藤蔓相框效果图

具体操作步骤如下。

STEP 1 单击"文件"|"打开"命令，打开素材图像。

STEP 2 在工具箱中选择移动工具 ，按住 Ctrl 键在图层面板中单击"背景"和"藤蔓"图层，在移动工具属性栏中选择垂直居中对齐 和水平居中对齐 ，将两个图层进行对齐，效果如图 2-22 所示。

STEP 3 在图层面板中，单击"蓝花"图层，按住鼠标左键将图层拖动至删除图层 按钮上，删除该图层，效果如图 2-23 所示。

图 2-22　图层对齐

图 2-23　删除图层

STEP 4 在图层面板中，按住 Ctrl 键不放单击"花朵 1""花朵 2"和"花朵 3"图层，同时选中 3 个图层如图 2-24 所示，然后按 Ctrl+G 组合键将以上 3 个图层分组，并将组重命名为"花朵"，如图 2-25 所示。

图 2-24　选中图层

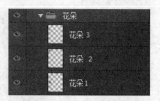
图 2-25　分组图层

STEP 5 再次同时选中以上 3 个图层，在移动工具属性栏里选择左对齐 ，在图像主窗口中按住鼠标左键拖动，将花朵拖动至左上角，如图 2-26 所示。

STEP 6 在图层面板中选中组"花朵"，将其拖动至新建图层 按钮上，选择移动工具，按住鼠标左键将新复制出的花朵拖动至图像右下角，如图 2-27 所示。

图 2-26　拖动花朵

图 2-27　复制花朵

STEP 7 在图层面板中，按住 Ctrl 键不放单击"花瓣 1""花瓣 2"和"花瓣 3"图层，同时选中 3 个图层，在移动工具属性栏中单击水平居中分布 和底对齐 按钮，在图像主窗口中将花瓣移动到右下正中，如图 2-28 所示。

图 2-28　移动花瓣

● 课后习题利用图层的相关知识，在植物大战僵尸的画面中种满植物，如图 2-29 所示。

图 2-29　植物大战僵尸

PART 3

第 3 章
绘制图像

本章主要介绍绘制图像的工具及其参数的设置。

学习目标

- 掌握利用画笔工具绘制与修饰图像
- 掌握利用橡皮擦工具擦除图像
- 掌握利用吸管工具取得颜色
- 掌握前景色、背景色的设置

3.1 画笔工具组

3.1.1 画笔工具

画笔工具类似于传统的毛笔，可以绘制各类线条或一些预先定义好的图案。画笔工具是使用其他各种绘图工具的基础，比如在使用"修复画笔工具""历史记录画笔工具""橡皮擦工具"等绘图工具时，它们都是以画笔形式来操作的，其画笔大小、形状和硬度等都是通过画笔的基本参数来设置的。

1. 画笔工具属性栏

单击工具箱中的 按钮，弹出图 3-1 所示的画笔工具属性栏。

图 3-1　画笔工具属性栏

- 画笔大小：用来设置画笔笔尖直径的大小。
- 画笔硬度：用来设置画笔边缘的虚化程度。
- 模式：该项用于控制使用笔刷描绘图像时产生的效果，用户可以在其下拉列表框中选择不同的模式。
- 不透明度：该选项用于设置画笔颜色的透明程度，取值在 0%～100%，取值越大，画笔颜色的不透明度越高，取 0%时，画笔是透明的。
- 绘图板压力控制不透明度：覆盖 Photoshop CS6 画笔面板设置。
- 流量：指画笔颜色的喷出浓度。

- 启用喷枪模式：单击工具选项栏中的图标，图标凹下去表示选中喷枪效果，再次单击图标，表示取消喷枪效果。

调整画笔属性，可以得到多种的效果，如图 3-2 所示。

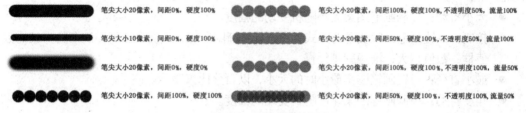

笔尖大小20像素，间距0%，硬度100%	笔尖大小20像素，间距100%，硬度100%，不透明度50%，流量100%
笔尖大小10像素，间距0%，硬度100%	笔尖大小20像素，间距50%，硬度100%，不透明度50%，流量100%
笔尖大小20像素，间距0%，硬度0%	笔尖大小20像素，间距100%，硬度100%，不透明度100%，流量50%
笔尖大小20像素，间距100%，硬度100%	笔尖大小20像素，间距50%，硬度100%，不透明度50%，流量50%

图 3-2　画笔设置效果图

2．画笔面板的设置

单击画笔工具属性栏上的 按钮，即可显示画笔面板，图 3-3 是画笔面板的界面，左侧用来选择画笔的属性，右侧用来设置画笔的具体参数，下面是画笔的预览区。

（1）画笔笔尖形状

画笔笔尖形状面板的主要选项和参数设置如图 3-4 所示。

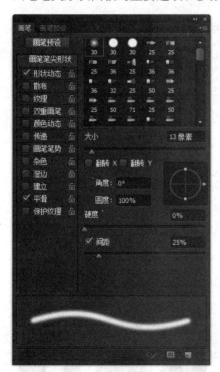

图 3-3　画笔面板

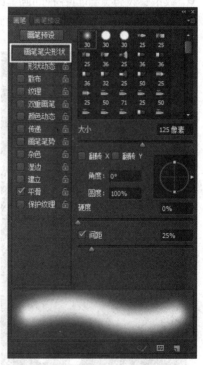

图 3-4　画笔笔尖形状设置

- 直径：设置画笔笔尖的直径大小，可以改变数值和拖动下面的滑块来改变笔头的大小。
- 角度：决定当前画笔的旋转角度。
- 圆度：决定画笔笔尖长短轴的比例，当数值为100%时，是正圆形。
- 硬度：用来设置画笔边缘的虚化程度，可以通过修改后面的数值或拖动滑块来改变虚化程度，值越大边缘越清晰。

- 间距：用来设置在连续涂抹画笔时，单个画笔元素之间的距离。

（2）形状动态

选择画笔面板左侧的"形状动态"选项，即可显示与形状相关的参数设置，如图 3-5 所示。

- 大小抖动：控制画笔图案大小随机变动的幅度。
- 控制：设置画笔图案变动的方式，当选择"渐隐"时，后面会出现控制渐隐步长的数值框，数值越大，渐隐就越缓慢。
- 最小直径：设置画笔图案最小时的大小，以百分比来表示。
- 角度抖动：控制画笔图案角度随机变动的幅度。
- 圆度抖动：控制画笔图案圆度随机变动的幅度。

（3）散布

选择画笔面板左侧的"散布"选项，即可显示与散布相关的参数设置。散布的相关参数设置如图 3-6 所示。

- 散布：设置画笔位置的分布情况，当选中"两轴"复选框时，画笔图案将以放射状分布。
- 数量：设置分部间各种的画笔图案数量。
- 数量抖动：设置分布间各种的画笔图案数量的随机变动幅度。

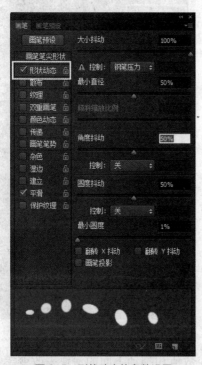

图 3-5　形状动态的参数设置

图 3-6　散布的参数设置

（4）纹理

选择画笔面板左侧的"纹理"选项，即可显示与纹理相关的参数设置。纹理的相关参数设置如图 3-7 所示。

- 缩放：设置纹理的缩放比例。

- 模式：设置画笔与纹理图案的混合模式。
- 深度：设置图案画笔与纹理图案显示的浓度，为0%时，只显示画笔图案；为100%时，只显示纹理图案。
- 最小深度：设置画笔图案的最小深度。
- 深度抖动：设置画笔图案的深度随机变化幅度。

（5）双重画笔

选择画笔面板左侧的"双重画笔"选项，即可显示与双重画笔相关的参数设置。双重画笔的相关参数设置如图3-8所示。双重画笔是用两种画笔图案按一定的混合模式来创建的效果。第二个画笔图案可在画笔预览框中选择。

- 模式：选择两种画笔使用的混合模式。
- 直径：设置第二个画笔直径的大小。
- 间距：设置第二个画笔的间距。
- 散布：设置第二个画笔图案的散布状态。
- 数量：设置第二个画笔的数量。

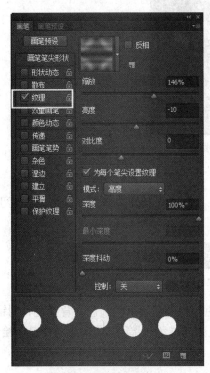
图3-7　纹理的参数设置

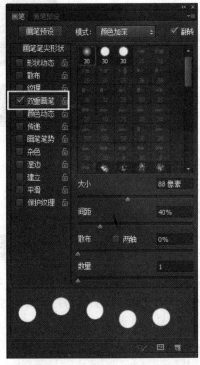
图3-8　双重画笔的参数设置

（6）颜色动态

选择画笔面板左侧的"颜色动态"选项，即可显示与颜色动态相关的参数设置。颜色动态的相关参数设置如图3-9所示。

- 前景/背景抖动：设置画笔前景色和背景色之间的颜色变动幅度。
- 色相抖动：设置画笔涂抹过程中的色相变化范围。
- 饱和度抖动：设置颜色饱和度变化范围。
- 亮度抖动：设置颜色亮度变化范围。

- 纯度：设置颜色的纯度。

在画笔面板中，还可以根据需要设置画笔的"杂色""湿边""喷枪""平滑""建立""保护纹理"等选项的参数。

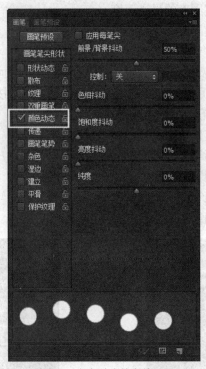

图 3-9　颜色动态的参数设置

3.1.2　铅笔工具

铅笔工具的使用方法与画笔工具类似，但铅笔工具只能绘制硬边线条或图形。铅笔工具的属性栏如图 3-10 所示。

图 3-10　铅笔工具属性栏

- 自动抹除：用于自动判断绘画时的起始点颜色，如果起始点的颜色为背景色，则铅笔工具将以前景色绘制，反之如果起始点的颜色为前景色，铅笔工具则会以背景色绘制。

3.1.3　颜色替换工具

颜色替换工具能够使用前景色替换图像中指定的颜色。它在不同的颜色模式下，产生不同的效果。单击工具箱中的 按钮，可查看颜色替换工具的属性栏，如图 3-11 所示。

图 3-11　颜色替换工具的参数设置

- 模式：包括色相、饱和度、颜色和亮度四种模式，常用的模式为"颜色"模式。
- 取样：取样方式包括 连续、 一次和 背景 3 种。"连续"表示以鼠标当前位置颜色为基准；"一次"表示始终以开始涂抹时的颜色为基准；"背景"表示以背景色为颜色基准。

- 限制：包括连续、不连续和查找边缘 3 个方式。"连续"表示以涂抹过程中鼠标当前所在位置颜色作为基准色来选择替换颜色的范围。"不连续"表示凡是鼠标经过的地方都会被替换。"查找边缘"表示主要是将色彩区域之间的边缘部分颜色替换。

使用颜色替换工具给卡通人物替换衣服颜色的步骤如下，效果如图 3-12 所示。

STEP 1 首先设置前景色为纯青。

STEP 2 打开图像，选择"颜色替换"工具，将鼠标中心定位在绿色衣服上拖动。

图 3-12 颜色替换工具给卡通女孩换衣服颜色

3.1.4 混合器画笔工具

使用混合器画笔工具可以模拟真实的绘画技术，使用前景色并混合图像上的颜色在图像上进行绘画。图 3-13 所示为利用混合器画笔绘制的水彩效果。

图 3-13 使用混合器画笔绘制水彩效果图

3.2 设置前景色与背景色

前景色与背景色位于工具箱的下方，默认前景色为黑色，背景色为白色。当单击"设置前景色"或"设置背景色"按钮时，就会弹出"拾色器"对话框，如图 3-14 所示。在中间的颜色选择区域中，拖动滑块可选择色彩范围，然后在左侧的颜色区域上单击鼠标即可选择相应的颜色。

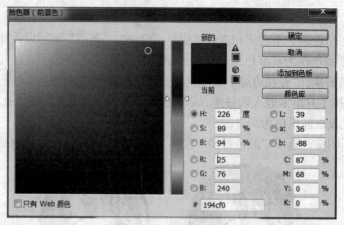

图 3-14　拾色器对话框

- 默认前景色与背景色：单击工具箱上的 █ 即可恢复到系统默认的前景色与背景色。
- 切换前景色与背景色：单击工具箱上的 █ 即可将当前的前景色与背景色进行切换。

3.3　课堂案例——绘制卡通画

本案例通过绘制卡通画介绍画笔工具的使用，效果图如图 3-15 所示。

图 3-15　卡通画效果图

1.绘制蓝天背景

具体操作步骤如下。

STEP 1 新建文件，大小为 Photoshop 默认大小，分辨率为 72 像素/英寸，RGB 颜色模式。背景为白色。

STEP 2 新建图层命名为"蓝天"，设置前景色为蓝色#84d7fe，按 Alt+Delete 组合键将图层填充为蓝色。

2.绘制太阳

具体操作步骤如下。

STEP 1 新建图层命名为"太阳光晕"，前景色设置为黄色，选择画笔工具，设置画笔大小为 70 像素，硬度为 40%，在右上角单击一下，即可创建黄色的太阳光晕。效果图如图 3-16 所示。

STEP 2 新建图层命名为"太阳"，前景色设置为红色，选择画笔工具，设置画笔大小为 60 像素，硬度为 100%，在太阳光晕中间单击一下，绘制红色的太阳。效果图如图 3-17 所示。

图 3-16 新建"太阳光晕" 　　　　　　　　图 3-17 新建"太阳"

3. 绘制山丘

具体操作步骤如下。

STEP 1 新建图层命名为"山丘 2"，设置前景色为#90b97c，选择画笔工具，设置画笔笔尖大小为 130 像素，间距为 0%，硬度为 100%，用画笔在画布上涂抹绘出深色的山丘，如图 3-18 所示。

STEP 2 新建图层命名为"山丘 1"，设置前景色为#acd598，用画笔在画布上涂抹绘出浅色的山丘，如图 3-19 所示。

图 3-18 新建"山丘 2" 　　　　　　　　图 3-19 新建"山丘 1"

4. 绘制大树

具体操作步骤如下。

STEP 1 新建图层命名为"树干"，设置前景色为#cfa972，在"窗口"菜单中选择"画笔"，打开画笔面板，设置画笔笔尖大小为 20 像素，间距为 0%，硬度为 100%，在形状动态选项卡中设置形状动态，如图 3-20 所示。用画笔在画布上拖动绘出树干，适当减小画笔绘制出树枝部分，如图 3-21 所示。

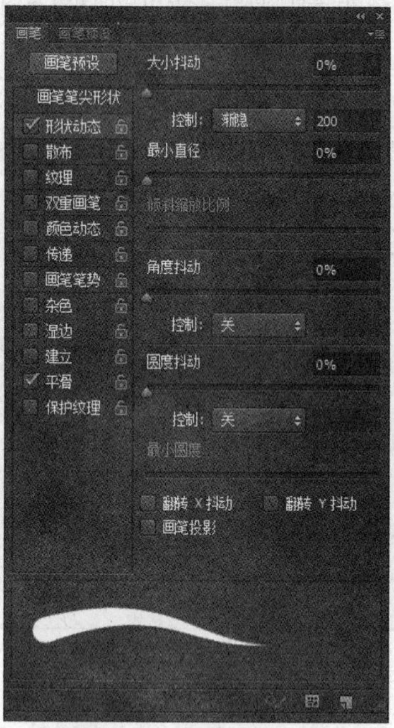

图 3-20 设置画笔形状动态

图 3-21 绘制树

STEP 2 新建图层命名为"叶子"，设置前景色为红色，背景色为黄色，选择画笔工具，设置画笔形状为"散布枫叶"，打开画笔面板，设置画笔大小为 30 像素，间距为 50%，设置"颜色动态"参数如图 3-22 所示，形状动态、传递等采用默认值。用画笔在画布上拖动绘出树叶部分，如图 3-23 所示。

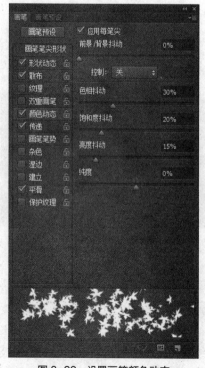

图 3-22 设置画笔颜色动态

图 3-23 绘制树叶

5. 绘制小草和白云

具体操作步骤如下。

STEP 1 新建图层命名为"小草",设置前景色为#b3d465,背景色为#097c25,选择画笔工具,设置画笔形状为"沙丘草",设置画笔大小为 60 像素,其余参数默认。用画笔在画布上拖动绘出小草,如图 3-24 所示。

图 3-24 绘制小草

STEP 2 新建图层命名为"白云",设置前景色为白色,打开画笔面板,选择普通圆形画笔,设置画笔大小为100 像素,硬度为0%,间距为1%,设置"形状动态""传递"等参数如图 3-25 所示。用画笔在画布上拖动绘出云彩部分,如图 3-26 所示。

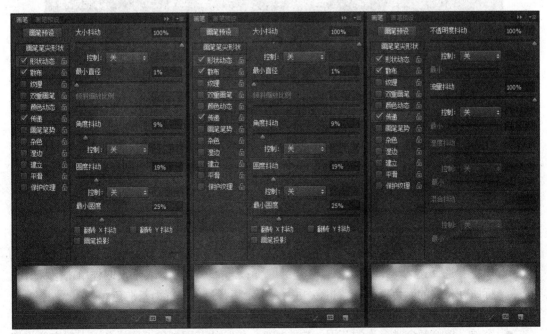

图 3-25 设置"颜色状态"

图 3-26　绘制云彩

3.4　橡皮擦工具组

橡皮擦工具组用于擦除背景或图像，共有橡皮擦 ✐、背景橡皮擦 ✐ 和魔术橡皮擦 ✐ 3 种工具。

3.4.1　橡皮擦工具

橡皮擦工具 ✐ 用于擦除图像像素。如果在背景图层上使用橡皮擦，会在擦除的位置填入背景色；如果是非背景图层，那么擦除的位置会变为透明。

橡皮擦工具属性栏如图 3-27 所示。其中，可以设置不透明度、流量、喷枪等属性，设置方式与画笔工具相同，这里仅对"模式"和"抹到历史记录"选项进行介绍。

![橡皮擦工具栏]　　模式: 画笔　不透明度: 100%　流量: 100%　抹到历史记录

图 3-27　橡皮擦工具栏

- 模式：设置橡皮擦的笔触特性，可以选择画笔、铅笔和块 3 种方式来擦除图像。
- 抹到历史记录：选中该项后，橡皮擦就有了历史记录画笔工具的功能，能够选择性地恢复图像至某一历史记录状态。

3.4.2　背景橡皮擦工具

背景橡皮擦工具 ✐ 用于将图层上的像素抹成透明，并且在抹除背景的同时在前景中保留对象的边缘。如果当前图层是背景图层，使用背景橡皮擦擦除后，背景图层将转成普通图层。背景橡皮擦工具的属性栏如图 3-28 所示。

![背景橡皮擦工具栏]　　限制: 不连续　容差: 57%　✓保护前景色

图 3-28　背景橡皮擦工具栏

- 取样：选择连续 ✐，表示擦除时连续取样；选择一次 ✐，表示仅取样单击鼠标时光标所在位置的颜色；选择背景色板 ✐，表示将背景色设置为基准色。
- 限制：用来设置擦除的方式，包括连续、不连续和查找边缘。
- 容差：擦除颜色时允许的范围。数值越低，擦除的范围越接近取样色，大的容差将把其他颜色擦成半透明。

● 保护前景色：保护前景色不被擦除。

3.4.3 魔术橡皮擦

魔术橡皮擦工具 是魔棒工具与背景橡皮擦工具功能的组合，可以将一定容差范围内的背景颜色全部清除，得到透明图层，如图 3-29 所示。如果当前图层是背景图层，那么将被转换成普通图层。

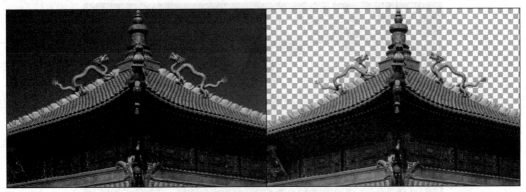

图 3-29　魔术橡皮擦

3.5　课堂案例——制作狗粮广告

本案例通过制作狗粮广告介绍橡皮擦工具组的使用，效果图如图 3-30 所示。

图 3-30　狗粮广告效果图

操作步骤如下。

STEP 1 打开文件"狗粮广告背景.jpg"和"宠物狗.jpg"，用移动工具将宠物狗图像拖动到背景图片中。

STEP 2 选择背景橡皮擦工具 ，在其工具属性栏中设置画笔大小为 100 像素的硬边笔刷，容差为 50%，勾选"保护前景色"复选框，如图 3-31 所示。

图 3-31 选择背景橡皮擦工具属性

STEP 3 将鼠标移动至小狗图像的背景区域，然后按住鼠标左键拖动，笔刷经过的地方被擦成透明，如图 3-32 所示。在此过程中，按住 Alt 键的同时，单击小狗身体边缘的区域，即可将该区域的颜色设置为前景色进行保护。采用此方法擦除所有背景。

图 3-32 擦除背景

STEP 4 打开"狗粮.jpg"，将图像用移动工具拖动到狗粮广告窗口中，选择魔术橡皮擦工具，属性设置如图 3-33 所示。在狗粮图层中的背景位置单击鼠标即可将图像的背景擦除，效果图如图 3-34 所示。

图 3-33 设置魔术擦属性

图 3-34 擦除背景效果

● 课后习题 1 利用画笔工具给女孩儿添加背景，如图 3-35 所示。

图 3-35　女孩儿

● 课后习题 2　利用颜色替换工具给白雪公主换衣服颜色，效果图如图 3-36 所示。

图 3-36　白雪公主

第4章
选区的应用

本章主要介绍创建选区的工具及菜单命令，调整和修改选区，选区描边和填充等。

学习目标

- 了解选区的作用
- 掌握创建选区的方法
- 熟练掌握选框工具、套索工具、魔棒工具、快速选择工具和调整边缘命令、色彩范围命令的使用。
- 熟练掌握选区的调整、变换、复制、移动、羽化、描边、存储和载入操作。

4.1 创建选区的方法

在 Photoshop 中，常需要对部分图像进行操作，这就需要创建选区将这部分图像选出来。选区是由一条流动虚线围成的区域，许多图像编辑只对选区内的图像起作用，如果没有创建选区，则对图像的编辑操作是针对整个图像的，有些操作则无法进行。

创建选区的方法主要有如下几种。

- 创建规则选区：矩形选框工具、椭圆选框工具、单行选框工具、单列选框工具。
- 创建不规则选区：套索工具、多边形套索工具、磁性套索工具、钢笔工具、魔棒工具、快速选择工具。
- 其他：调整边缘、色彩范围、路径转化为选区、通道等。

本章主要介绍选框工具、套索工具、魔棒工具、快速选择工具、调整边缘、色彩范围的使用。

4.2 创建选区的工具

工具箱中提供了多个创建选区的工具：选框工具组、套索工具组、魔棒工具组，如图4-1所示。

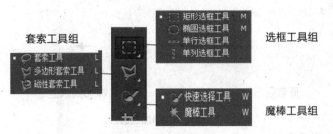

图 4-1 创建选区的工具

4.2.1 选框工具的使用

1.选框工具组

选框工具组主要用于选取一些规则的选区，有矩形选框工具、椭圆选框工具、单行选框工具和单列选框工具，如图 4-2 所示。

（1）矩形选框工具 [::]：单击后，鼠标指针变为十字线状，在图像窗口内拖动，即可创建一个矩形选区，按住 Shift 的同时拖动鼠标，可创建正方形选区。

（2）椭圆选框工具 [○]：单击后，鼠标指针变为十字线状，在图像窗口内拖动，即可创建一个椭圆形选区，按住 Shift 的同时拖动鼠标，可创建圆形选区，按住 Alt+Shift 的同时拖动鼠标，可创建以起点为是中心的圆形选区。当选中"消除锯齿"时，选区的边界就会消除锯齿，填充或删除选区内的图像，边缘比较平滑，如图 4-3、图 4-4 所示。图 4-4 中，左图没有选中"消除锯齿"选项，边缘不平滑，右图选中了"消除锯齿"选项，边缘比较光滑。

图 4-2 选框工具

图 4-3 椭圆选框工具消除锯齿选项

（3）单行选框工具 [===]：单击后，鼠标指针变为十字线状，在图像窗口内拖动，即可创建一行单像素的选区。

（4）单列选框工具 [ ]：单击后，鼠标指针变为十字线状，在图像窗口内拖动，即可创建一列单像素的选区。

图 4-4 消除锯齿效果

2.选框工具的选项栏

在 Photoshop 中，各种选框工具的属性栏中的选项大致相同，下面以"矩形选框工具"的属性栏为例进行介绍，如图 4-5 所示。

图 4-5 选框工具的选项栏

（1）选区运算按钮 [■ ■ ■ ■]：由 4 个按钮组成，用于控制选区的增减与相交以获得新选区。

- 新选区 [■]：单击后，只能创建一个新选区，在此状态下，如果已经有一个选区，再创建一个选区，则原来的选区将消失。
- 添加到选区 [■]：单击后，如果已经有一个选区，再创建一个选区，则新选区与原来的选区连成一个新选区，如图 4-6 所示。

原选区   添加到选区

图 4-6　添加到选区

● 从选区减去 ■：单击后，可在原来选区上减去与新选区重合的部分，得到一个新的选
区，如图 4-7 所示。

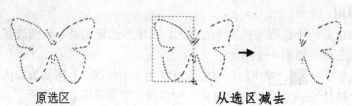

原选区   从选区减去

图 4-7　从选区减去

● 与选区相交 ■：单击后，创建选区时，只保留新选区与原选区重合的部分，得到一
个新的选区，如图 4-8 所示。

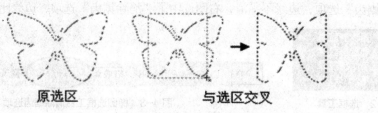

原选区   与选区交叉

图 4-8　与选区相交

（2）羽化：在该编辑框中输入数值可以控制选区边缘的柔和程度。其取值范围在 0～250，
值越大，在对羽化后的选区图像进行填充、移动或删除等操作时，选区内图像的边缘就越柔
和，如图 4-9 所示，左边是没有羽化时的效果，右边是羽化后的效果。

（3）消除锯齿：选择椭圆选框工具后，该复选框才有效。选中后，消除选区边缘的锯齿，
可以使选区的边界平滑。

（4）样式：如果使用的工具是矩形选框工具或椭圆选框工具，该下拉列表框有效，其中
有 3 种样式，如图 4-10 所示。

图 4-9　羽化前后效果对比   图 4-10　选框工具的样式

● 正常：这是默认的选择方式，可以选择不同大小、形状的选区。

● 固定比例：可以设定选取范围的宽度和高度的比例，默认值为 1:1，此时可选择不同

大小的正方形或圆。

● 固定大小：在文本框中输入数值设定选区的宽度和高度，单击即可获得固定大小的选区。

（5）调整边缘：打开调整边缘对话框，可以对选框进行调整，可以调整半径、对比度、平滑、羽化和收缩/扩展参数。

4.2.2　套索工具

套索工具主要用于选取一些不规则的范围，其中包含了套索工具、多边形套索工具、磁性套索工具 3 种类型，如图 4-11 所示。

（1）套索工具

使用套索工具，可以建立不规则形状的选区。在工具箱中选中套索工具，在图像中按住鼠标左键不放并拖动，即可创建选区，如图 4-12 所示。

使用"套索工具"创建选区时，若光标没有回到起始位置，释放鼠标后，终点和起点之间会自动生成一条直线来闭合。未释放鼠标之前按 Esc 键，可以取消选定。

图 4-11　套索工具

图 4-12　用套索工具建立选区

（2）多边形套索工具

使用多边形套索工具可以选取不规则形状的多边形，如三角形、梯形或者五角星等不规则形状的多边形区域。该工具的使用方法与上面介绍的套索工具有所不同，在工具箱中选中多边形套索工具，单击多边形选区的起点，再依次单击选区各个顶点，最后回到起点处，当鼠标的右下角会出现一个小圆圈时，单击即可形成一个闭合的多边形选区，如图 4-13 所示。

图 4-13　用多边形套索工具建立的选区

使用"多边形套索工具"时：

● 按住 Shift 键可沿垂直、水平或 45 度方向定义边线；
● 按 Delete 键可取消最近定义的边线；
● 按住 Delete 键不放，可以依次取消定义的边线；
● 按 Esc 键可同时取消所有定义的边线。
● 若终点未与起始点重合，双击鼠标或按住 Ctrl 键的同时单击鼠标左键也可创建封闭选区。

（3）磁性套索工具

磁性套索工具也可以看作是通过颜色选取的工具，可以根据颜色的反差来自动确定选区的边缘。在工具箱中选中磁性套索工具，单击确定选区的起点，然后沿着要选取的物体边缘移动鼠标，当选取终点回到起始点时，光标的右下角会出现一个小圆圈，表示可以封闭此选择区域，此时单击鼠标即可封闭选区，完成选区的选取，如图 4-14 所示。

图 4-14　用磁性套索工具建立的选区

磁性套索属性面板如图 4-15 所示。

羽化：0 像素　　✓消除锯齿　　宽度：10 像素　对比度：10%　频率：57　　　　调整边缘…

图 4-15　磁性套索选项面板

- 宽度：指套索的宽度，此选项用于设置磁性套索工具在选取时能够检测出的边缘宽度，其值在 1～40。值越小，可以检测出的范围越小。
- 对比度：用于设置磁性套索工具在选取时的边缘反差，其值在 1%～100%。值越大反差越大，选取的范围越精确。
- 频率：用于设置磁性套索工具在选取时的定位节点数。其值在 1～100，值越大产生的定位节点数越多。
- 光笔压力：用于设置绘图板的笔刷压力，此选项只有在安装了绘图板及其驱动程序以后才可以使用。

4.2.3　魔棒工具

魔棒工具的主要功能就是用来选取一定的色彩范围。进行选取时，它可以选择出颜色相近或相同的区域，它们接近的程度可以自定义。在工具箱中选中魔棒工具，然后在其选项面板中设定各个参数值，如图 4-16 所示。

取样大小：取样点　　　　容差：32　　✓消除锯齿　　✓连续　　□对所有图层取样　　调整边缘…

图 4-16　魔棒工具选项面板

魔棒工具属性栏各项参数如下。

- 容差：在此文本框中可以输入 0～255 的数值来确定选取范围的容差，其默认值为 32。设定的值越小，则选取的颜色范围越近似，选取的范围也就越小，如图 4-17 所示。
- 消除锯齿：这项功能是用来消除选区边缘的锯齿的。
- 连续：选中该复选框后，在单击魔棒工具时可以将图像中与单击处颜色相同的所有像素都选中作为选区；如果不选中该复选框，单击魔棒工具时只会选中与单击处颜色相近或比较接近的连续像素。

容差值设定为 32　　容差值设定为 100

图 4-17　用魔棒创建选区

- 对所有图层取样：该复选框用于具有多个图层的图像。不选中该复选框，单击魔棒工具时只会对当前的图层起作用；选中该复选框后，在单击魔棒工具时可以将图像所有图层中与单击处颜色相同的全部像素都选中作为选区。

利用魔棒工具来确定选区是非常方便的，尤其是对于色彩不是很丰富的图像，或者是仅包含某几种颜色的图像。在工具箱中选用魔棒工具，然后在按 Shift 键的同时依次单击各个文字即可。当按 Shift 键时，魔棒工具的图标下面会出现一个 "+" 标志，表示正在进行选区的添加。

4.2.4　快速选择工具

利用快速选择工具，可以使用圆形画笔快速 "画" 出一个颜色相近的选区。快速选择工具的属性栏如图 4-18 所示。在工具箱中选择快速选择工具，然后在要选取的图像上按住鼠标左键不放拖动鼠标，与鼠标拖动位置颜色相近的区域均被选取，操作过程中，在需要细节的地方，可减小画笔的大小，使用 Alt 键减去某些选区，完成选区的大致选定之后，即可开始进行调整边缘。

图 4-18　快速选择工具选项面板

- 选区运算按钮：用于控制选区的增减。其中，选择 "新选区" 按钮，表示创建新选区（原有选区消失）；选择 "添加到选区" 按钮，表示在原有选区的基础上增加选区；选择 "从选区减去" 按钮，表示在原有选区基础上减去选区。
- 画笔：单击其右侧的下拉三角按钮，可以从弹出的 "画笔" 选取器中设置笔刷的大小、硬度和间距等属性。
- 自动增强：勾选该复选框可以使绘制的选区边缘更平滑。

4.3　创建颜色相似选区

要创建颜色相似的选区，可使用魔棒工具、快速选择工具、"色彩范围" 和 "调整边缘" 命令。

4.3.1　"调整边缘" 命令

利用 "调整边缘" 命令可以对选区进行柔化、平滑、羽化、扩展等处理，以及消除选区边缘的杂色、设定选区的输出方式等。"调整边缘"功能只有在图像中存在选区时才可使用。

在图像中创建选区以后，"快速选择工具"属性栏中的"调整边缘"按钮变为可操作状态，如图 4-19 所示，单击该按钮可打开"调整边缘"对话框。在该对话框中单击"视图"右侧的按钮，设置视图模式为"黑底"可更好地观察选区的调整效果。

图 4-19　调整边缘选项面板

选择"选择"|"调整边缘"菜单项也可打开"调整边缘"对话框，如图 4-20 所示。

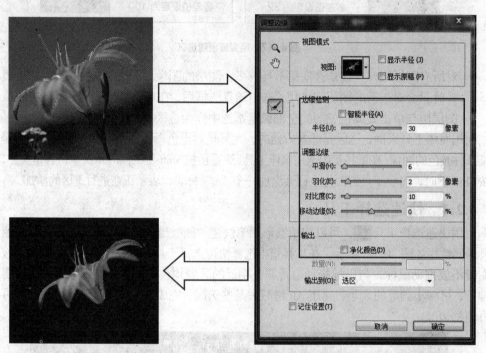

图 4-20　调整边缘命令对话框

"调整边缘"对话框各选项的意义如下。

- 平滑：可以减少选区边缘的不规则区域，创建更加平滑的选区轮廓。
- 羽化：可为选区边缘设置羽化（范围为 0~250 像素），使选区边缘的图像呈现透明效果。
- 对比度：可锐化选区边缘并除去模糊的效果。对于设置了羽化的选区，增加对比度可降低或消除羽化的效果。
- 移动边缘：参数为负值时可收缩选区边缘；反之，则扩展选区边缘。
- 净化颜色：勾选该复选框后，拖动数量滑块即可去除图像的彩色杂边。"数量"值越高，清除范围越广。
- 输出到：在该选项的下拉列表中可以选择选区的输出方式，如选区、图层蒙版、新建图层等。

4.3.2　"色彩范围"命令

"色彩范围"命令可以通过在图像中指定颜色来定义选区，并可通过指定其他颜色或增大容差来扩大或减少选区。

执行"选择"|"色彩范围",可以弹出对话框,如图 4-21 所示。

图 4-21 色彩范围对话框

- 打开"选择"下拉列表,选择一种选取定义颜色的方式,其中"取样颜色"选项表示可用"吸管工具"在图像中吸取颜色。其余选项分别表示将选取图像中的红色、黄色、绿色、青色、蓝色、洋红、高光、中间色调和暗调等颜色区域。
- 选择"取样颜色"选项时,可以使用吸管工具选取颜色。当将鼠标指针移到图像窗口或者预览窗口中的图像上时,鼠标指针会变为吸管的形状,单击鼠标即可选定当前颜色。另外,颜色范围的选取还可以利用颜色容差调整选取的范围,容差值越大,所包含的近似颜色越多,选取的颜色范围也就越大。
- 本地化颜色簇:指定在以取样点为中心的多大范围内选取颜色,其具体参数在"范围"中设置,数值越大所选取的范围越大,100%表示整幅图像。
- 颜色容差:设置与取样点颜色相同与相近的颜色范围,数值越小所选取的颜色范围越小、越精确,数值越大所选取的相似的颜色越多。
- "选择范围"和"图像"单选按钮:用于指定对话框预览区中的图像显示方式(显示选区图像或完整图像)。
- 选区预览:用于指定图像窗口中的选区预览方式。默认情况下,其设置为"无",即不在图像窗口显示选择效果。若选择灰度、黑色杂边和白色杂边,则表示在图像窗口中以灰色调、黑色或白色显示未选区域。
- 反相:用于实现选择区域与未被选择区域间的相互切换。
- 吸管工具 : 工具用于在图像窗口或对话框的预览区域中单击取样颜色, 和 工具分别用于增加和减少选择的颜色范围。

4.4 常用的选区编辑命令

1. 全选(Ctrl+A)

当要选取某一图层内的所有像素时,可以在图层面板中选定该图层,然后执行"选择"|"全选"命令。

2. 取消选区(Ctrl+D)

要取消选区,执行"选择"|"取消选择"命令。

3. 重选选区

如果要重新选定最近使用的选区,则可以执行"选择"|"重新选择"命令。

4. 反转选区(Ctrl+Shift+I)

如果要选定当前选区外的图像区域,则可执行"选择"|"反向"命令。

5.隐藏选区（Ctrl+H）

如果用户对选区内的图像进行了填充、描边或使用滤镜等操作，为了不取消选区而能够查看实际效果，可以按 Ctrl+H 组合键隐藏选区，再次按下该组合键又可显示原来的选区。

6.扩大选取

选择"选择"|"扩大选取"菜单项，可选择与原有选区颜色相近且相邻的区域。

7.选取相似

选择"选择"|"选取相似"菜单项，可选择与原有选区颜色相近的区域（包括不相邻的）。

4.5　修改选区

利用"选择"|"修改"菜单中的命令可修改选区，如扩展、边界、平滑和收缩选区等。如图 4-22 所示。

- 扩展选区："扩展"命令可将选区均匀地向外扩展。
- 边界选区："边界"命令可用设置的宽度值来围绕已有选区创建一个环状的选区。
- 平滑选区："平滑"命令用于消除选区边缘的锯齿，使原选区范围变得连续而平滑，利用"魔棒工具"创建选区，然后选择"选择"|"修改"|"平滑"菜单项，在"取样半径"编辑框中输入数值，单击"确定"按钮即可使选区边缘变得平滑。

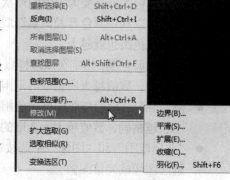

图 4-22　修改选区命令

- 收缩选区："收缩"与"扩展"命令的作用是相反的，"收缩"命令是将选区向内收缩，并保持选区的形状不变。
- 羽化选区：建立选区后，选择"选择"|"修改"|"羽化"菜单项，或者按 Shift+F6 组合键，打开"羽化"对话框，在"羽化半径"编辑框中输入数值，单击"确定"按钮即可羽化选区。

4.6　变换选区

变换选区是对已有选区进行移动、缩放、旋转和变形等操作。创建一个选区，然后选择"选择"|"变换选区"菜单项，选区的四周将出现一个带有 8 个控制点的变形框，此时可对选区进行编辑操作，如图 4-23 所示。

- 将鼠标光标放置在变形框内，当光标呈 ▶ 形状时，按住鼠标左键不放并拖动可移动选区。
- 将鼠标光标移至变形框的控制点"□"上，待光标变为 ↔、↕、↗ 或 ↘ 形状后单击并拖动可对选区进行缩放。
- 将鼠标光标移至变形框外任意位置，待光标呈"↻"形状时，单击并拖动鼠标可以以旋转支点为中心旋转选区。
- 按住 Ctrl 键并拖动某个控制点可以对选区进行任意扭曲变形操作。

- 按住 Alt 键并拖动某个控制点可以对选区进行对称变形操作。
- 按住 Shift 键并拖动某个控制点可按比例缩放选区。
- 按住 Ctrl+Shift 组合键并拖动某个控制点可以对选区进行斜切变形操作。
- 按住 Ctrl+Alt+Shift 组合键并拖动某个控制点可以对选区进行透视变形操作。

图 4-23　变换选区

4.7　储存和载入选区

4.7.1　存储选区

创建好选区后，可以将这个选区保存下来，以后使用时，将其载入到图像中即可。选择好选区后，执行"选择"|"存储选区"命令，即可打开"存储选区"的对话框，如图 4-24 所示。存储后的选区可以在通道面板中查看，如图 4-25 所示。

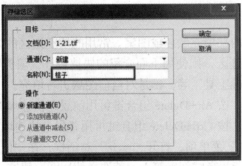

图 4-24　存储选区对话框

图 4-25　通道面板

4.7.2　载入选区

若要调出前面保存的选区，可执行"选择"|"载入选区"命令，打开"载入选区"对话框，在"通道"下拉列表中选择前面保存的选区，单击"确定"按钮即可，如图 4-26 所示。

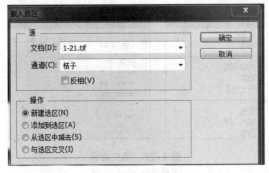

图 4-26　载入选区

4.8 描边和填充选区

4.8.1 描边

创建选区后,利用"描边"命令可以沿选区边缘描绘出指定宽度的颜色。

执行"编辑"|"描边"菜单项,打开"描边"对话框,设置好描边宽度、颜色和位置等参数后,单击"确定"按钮即可在指定位置为选区描边,如图4-27所示。

图 4-27 描边命令

设置描边的位置时,"内部"表示在选区边缘以内描边;"居中"表示以选区边缘为中心描边;"居外"表示在选区边缘以外描边。

4.8.2 填充选区

填充选区是指在选区内部填充颜色或图案。常用的填充选区的方法有以下几种。

(1)如果图像中没有选区,则使用下面介绍的快捷键、"填充"命令,以及后面要介绍的"渐变工具"或"油漆桶工具"等,都是对当前图层进行填充。

(2)设置好前景色后,按Alt+Delete组合键可用前景色快速填充选区。

(3)设置好背景色后,按Ctrl+Delete组合键可用背景色快速填充选区。

选择"编辑"|"填充"菜单项,打开"填充"对话框,在"使用"下拉列表中选择要填充的内容(包括前景色、背景色或图案等)。若选择使用图案填充,则还可在"自定义图案"下拉列表中选择要填充的图案。此外,还可设置填充颜色或图案的混合模式和不透明度等,最后单击"确定"按钮即可填充选区,如图4-28所示。

若在"使用"下拉列表中选择"内容识别"选项,可对选区内的图像区域进行修复,如去除污点、杂物等。

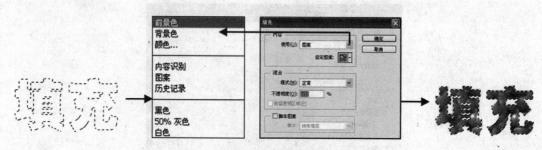

图 4-28 填充命令

4.9　课堂案例——制作超级电视

本案例通过制作电视机，介绍选框工具的基础操作，效果图如图 4-29 所示。

具体操作步骤如下。

STEP 1 单击"文件"|"新建"命令，新建一个 800×600 像素的图像文件。

STEP 2 在工具箱中选择矩形选框工具，创建屏幕选框，填充黑色。

STEP 3 在工具箱中选择椭圆选框工具，创建按钮选框，填充红色。

STEP 4 在工具箱中选择矩形选框工具，创建底座选框，填充黑色。

图 4-29　超级电视

STEP 5 将图像文件"butterfly.jpg"置入电视，调到合适大小。

4.10　课堂案例——制作微笑气泡

图 4-30　微笑气泡

本案例通过制作微笑气泡，介绍选框工具、多边形套索工具、选区运算的基础操作，效果图如图 4-30 所示。

具体操作步骤如下。

STEP 1 单击"文件"|"新建"命令，新建一个 600×600 像素的图像文件。

STEP 2 新建图层，在工具箱中选择椭圆选框工具，创建椭圆选区，选择多边形套索工具，单击添加到选区，创建气泡选区，填充绿色。

STEP 3 重复第（2）步，绘制紫色气泡。

STEP 4 新建图层，在工具箱中选择椭圆选框工具，创建椭圆选区，单击从选区减去，创建嘴巴选区，填充白色。

● 课后习题——制作精美贺卡。

通过制作精美贺卡，掌握"套索工具""色彩范围"等创建任意选区的方法，以及描边命令的使用，如图 4-31 所示。

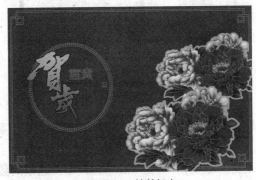

图 4-31　精美贺卡

PART 5

第5章
图像调整

本章主要介绍 Photoshop CS6 的图像调整，包括设置 Photoshop CS6 的图像大小、画布大小、图像裁剪、图像变形。

学习目标

- 掌握图像大小的修改
- 掌握画布大小的修改
- 掌握裁剪图像
- 掌握图像变形

5.1 图像大小

若要改变图像的尺寸，可以使用"图像大小"命令。打开一幅图像，执行"图像"|"图像大小"命令，弹出"图像大小"对话框，如图 5-1 所示。

图 5-1 "图像大小"对话框

- 像素大小：通过改变宽度和高度选项的数值，改变图像在屏幕上显示的大小，图像的尺寸在相应改变。
- 文档大小：通过改变"宽度""高度"和"分辨率"选项的数值，改变图像的文档大小，图像的尺寸在相应改变。

- 约束比例：选中此复选框，在"宽度"和"高度"选项右侧出现锁链标志，表示改变其中一项设置时，两项会等比例地同时改变。

5.2 课堂案例——调整图像的大小

改变一张照片的图像大小，宽为 144 像素，高为 156 像素，文档大小不超过 10K。
操作步骤如下。

STEP 1 打开文件"1.jpg"，执行"图像"|"图像大小"命令，弹出"图像大小"对话框，参数设置如图 5-2 所示。

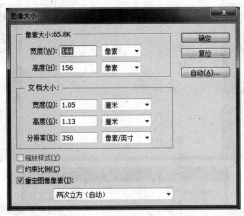

图 5-2　"图像大小"对话框

STEP 2 执行"文件"|"存储为 web 和设备所用格式"，在弹出的对话框里设置输出 JPEG。

5.3 画布尺寸的调整

图像画布尺寸的大小是指当前图像周围的工作空间的大小。执行"图像"|"画布大小"命令，弹出"画布大小"对话框，如图 5-3 所示。

图 5-3　"画布大小"对话框

- 当前大小：显示的是当前文件的大小和尺寸。
- 新建大小：用于重新设定图像画布的大小。

- 定位：可调整图像在新画面中的位置，可偏左、居中或在右上角等，如图 5-4 所示。设置不同的调整方式，图像调整后的效果如图 5-5 所示。

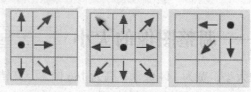

图 5-4　定位

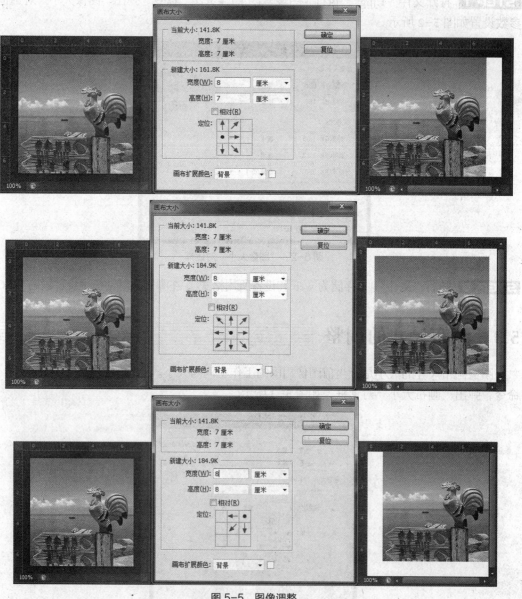

图 5-5　图像调整

- 画布扩展颜色：此选项的下拉列表中可以选择填充图像周围扩展部分的颜色，在列表中可以选择前景色、背景色或 Photoshop CS6 中的默认颜色，也可以自己调整所需颜色。在对话框中进行设置，如图 5-6 所示。单击确定按钮，效果如图 5-7 所示。

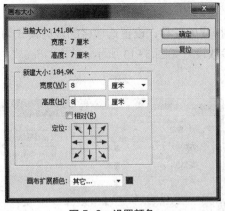

图 5-6　设置颜色

图 5-7　调整后效果

5.4　图像裁剪

裁剪工具可用来裁剪图像的大小，通过鼠标拖动绘制裁剪区域。单击裁剪工具后，裁剪工具选项栏显示如图 5-8 所示，默认设置为不受约束。

图 5-8　裁剪工具栏

使用裁剪工具裁剪图像，裁剪边线自动出现在图像周围，如图 5-9 所示。拖动鼠标将左边的裁剪边线往右拖动，如图 5-10 所示。回车确定裁剪范围，裁剪后效果如图 5-11 所示。

图 5-9　裁剪边线

图 5-10　拖把边线

图 5-11　裁剪后效果

根据预设裁剪大小，裁剪图片的步骤如下。

STEP 1 打开一幅图片，如图 5-12 所示。选择裁剪工具，设置选项栏的裁剪模式为大小和分辨率，弹出裁剪图像大小和分辨率对话框，参数设置如图 5-13 所示。单击"确定"按钮。

图 5-12　打开图片

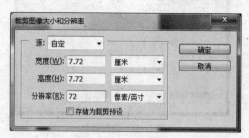

图 5-13　参数设置

STEP 2 裁剪框默认出现在图像的居中位置，如图 5-14 所示。用户也可以继续拖动裁剪框或者移动图片，重新确定图像的大小和裁剪的范围。单击"确定"按钮，裁剪完毕，效果如图 5-15 所示。

图 5-14　裁剪框

图 5-15　裁剪后效果

5.5　图像变形

5.5.1　自由变换

选择"编辑"|"自由变换"命令，可以利用出现的变换框对选区内的图像或非背景层图像进行缩放、旋转、斜切和透视等各种变换。

5.5.2　变形

选择"编辑"|"变换"|"变形"命令，在工具属性栏中可以选择系统预设的形状来改变图像，如扇形、上弧、拱形、旗帜等，并可设置变形效果。

5.6　课堂案例——制作淘宝广告

通过淘宝广告文字背景图形的制作掌握图像变形的步骤，效果如图 5-16 所示。

图 5-16　淘宝广告

具体操作步骤如下。

STEP 1 打开一个文件，如图 5-17 所示。

图 5-17　打开文件

STEP 2 制作橙色矩形。新建一个图层，命名为"橙色矩形"。选择矩形选框工具绘制一个矩形选区，用油漆桶填充颜色# ffc000，如图 5-18 所示。

STEP 3 制作阴影。新建图层，命名为"矩形阴影"，使用油漆桶工具在矩形选区内填充黑色，取消选区。使用移动工具将黑色矩形色矩形的右边，执行"滤镜"|"模糊"|"高斯模糊"，模糊半径为 10 像素，效果如图 5-19 所示。将图层不透明度设置为 66%，效果如图 5-20 所示。

图 5-18　橙色矩形

图 5-19　制作阴影 1

STEP 4 改变图层顺序，将阴影图层移动到橙色矩形图层下方，移动阴影矩形到橙色矩形的下方，效果如图 5-21 所示。

STEP 5 选择阴影图层，按 Ctrl+T 组合键，在窗口单击右键，执行变形命令，如图 5-22 所示。单击回车键，效果如图 5-23 所示。

图 5-20　制作阴影 2

图 5-21　移动阴影

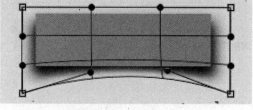

图 5-22　阴影变形

图 5-23　调整后效果

STEP 6 选择文字工具，录入文字，效果如图 5-24 所示。

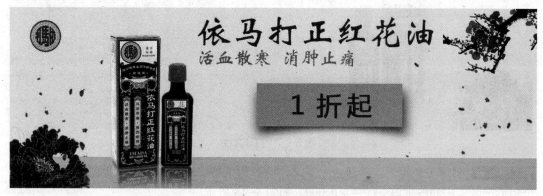

图 5-24　最后效果

5.7　图像旋转

若需要旋转或者翻转画布，可以用"图像"|"图像旋转"菜单下的命令，如图 5-25 所示。

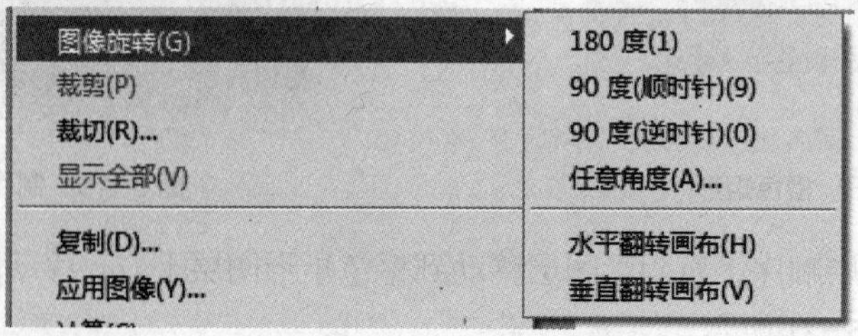

图像旋转(G)	►	180 度(1)
裁剪(P)		90 度(顺时针)(9)
裁切(R)...		90 度(逆时针)(0)
显示全部(V)		任意角度(A)...
复制(D)...		水平翻转画布(H)
应用图像(Y)...		垂直翻转画布(V)

图 5-25　图像旋转

不同的旋转效果如图 5-26 所示。

原图

水平翻转

垂直翻转

180度

90度逆时针

90度顺时针

45度角

图 5-26 不同的旋转效果

- 课后习题 制作电影海报，效果如图 5-27 所示。

图 5-27 电影海报

PART 6

第6章
修复与修饰图像

本章主要介绍图像的修复工具和修饰工具，以及其参数的设置。

学习目标

- 掌握修复工具的使用
- 掌握修饰工具的使用
- 了解相似修饰工具和修复工具之间的区别

6.1 修复画笔工具组

修复画笔工具组常用于修复图像中的杂色和污点，包含污点修复画笔工具、修复画笔工具、修补工具、内容感知移动工具和红眼工具。

6.1.1 污点修复画笔工具

污点修复画笔工具可以迅速修复图像中存在的瑕疵和污点，只需要在图像中有污点的地方单击即可。Photoshop 能够自动分析鼠标单击处及周围图像的不透明度、颜色与质感，从而进行自动采样与修复操作。污点修复画笔工具的属性栏如图 6-1 所示。

图 6-1　污点修复画笔属性栏

- 画笔：设置污点修复画笔的直径、硬度和间距。一般所选画笔要比需要修复的区域稍大一些。
- 模式：在下拉菜单中可以选择混合模式。
- 近似匹配：以选区边缘的像素为参照物来寻找一个图像区域，将这个图像区域作为被选区域的补丁。如果这种选项没有达到满意的修复效果，则可以撤消此次修复，然后选择"创建纹理"选项。
- 创建纹理：用选区的所有的像素来创造一种纹理，并用这种纹理来修复有污点的地方。
- 对所有图层取样：勾选此复选框，可从所有的可见图层中提取数据。取消勾选，则不能从被选取的图层中提取数据。

使用污点修复画笔对图像进行修复的步骤如下。

STEP 1 单击"文件"|"打开",打开素材图像,如图 6-2 所示。

STEP 2 选择"污点修复画笔"在人物脸部有瑕疵的地方反复单击,即可去除污点,如图 6-3 所示。

图 6-2 祛痘前

图 6-3 祛痘后

6.1.2 修复画笔工具

修复画笔工具可用于校正图像中的瑕疵,使瑕疵消失在周围的图像中。修复画笔工具可以利用图像中的取样点来修复图像的瑕疵区域,使修复的效果自然地融入到图像中。修复画笔工具能将样本像素的纹理、光照、透明度和阴影与所修复的像素进行匹配,从而使修复的区域与周围的图像融合。修复画笔的工具属性栏如图 6-4 所示。

图 6-4 修复画笔工具属性栏

- 源:按住 Alt 键单击鼠标即可提取样本像素。
- 图案:在"图案"列表中选择纹理图案,用纹理图案来修复图像。
- 对齐:在修复过程中,每次重新开始涂抹,都会依照上次移动的位置来修复,不会因为中途停止而错位。不选该项时,每次拖动后松开左键再拖动,都是以按下 Alt 时选择的同一个样本区域修复目标;而选该项时,每次拖动后松开左键再拖动,都会接着上次未复制完成的图像修复目标。

使用修复画笔工具时,首先要取样,按住 Alt 键,当光标显示为 ⊕ 形状时污点旁边的位置单击即可进行取样;然后修复图像,释放 Alt 键,在污点的位置进行拖动鼠标即可去掉污点。

使用修复画笔工具去除人物眼袋的步骤如下。

STEP 1 单击"文件"|"打开",打开素材图像,如图 6-5 所示。

STEP 2 在工具箱中选择"修复画笔工具",在工具属性栏中设置画笔大小比眼袋区域大,模式设置为"正常",设置源为"取样"。

STEP 3 将鼠标移动到在人物脸部无瑕疵的地方，按住 Alt 键，单击鼠标进行取样。

STEP 4 采用完毕后，放开 Alt 键，将鼠标移动到眼袋边缘反复单击，即可去除眼袋，如图 6-6 所示。

图 6-5　去眼袋前　　　　　　　　　　　　　　图 6-6　去眼袋后

6.1.3　修补工具

修补工具与修复画笔工具类似，不同的是修补工具适用于对图像的某一块区域进行整体操作。修补工具的属性栏如图 6-7 所示。

图 6-7　修补工具属性栏

源：选中"源"，可以将当前存在瑕疵的选区移至没有瑕疵的目标区域上，即可用目标区域中的图像来修复源区域中的瑕疵。

目标：选中"目标"，可以用当前区域中的图像来修复存在瑕疵的目标区域。

使用"修补工具"对图像进行修复的操作步骤如下。

STEP 1 打开素材图像，在工具箱中选择"修补工具"，在工具属性栏中选择"源"，拖动鼠标将要修复的区域圈起来，如图 6-8 所示。

STEP 2 将选中的区域，用鼠标拖动到目标区域，直到看到源区域中没有文字位置，如图 6-9 所示。

STEP 3 释放鼠标即可看到修复后的图像，如图 6-10 所示。

图 6-8　圈出修复区　　　　　图 6-9　拖动修复区　　　　　图 6-10　修复后

6.1.4　内容感知移动工具

内容感知移动工具主要是用来移动或复制图片中主体，并随意放置到合适的位置。移动后的空隙位置，Photoshop 会智能修复。内容感知移动工具的属性栏如图 6-11 所示。

模式: 移动 ⇕ 适应: 非常严格 ⇕ ✓ 对所有图层取样

图 6-11 内容感知移动工具属性栏

- 模式：有"移动"和"扩展"两个选项。选择"移动"模式，可以实现选中区域的移动；选中"扩展"模式，可以实现选中区域的复制。
- 适应：移动或复制的区域与目标区域的适应程度，有非常严格、严格、中、松散和非常松散 5 个程度。

使用"内容感知移动工具"对图像进行修复的操作步骤如下。

STEP 1 打开素材图像，在工具箱中选择"内容感知移动工具"，选择"移动"模式，按住鼠标左键并拖动就可以绘出选区，如图 6-12 所示。

STEP 2 释放鼠标即可看到移动后的图像，如图 6-13 所示。

STEP 3 若选择的是"扩展"模式，会复制选中的区域，效果如图 6-14 所示。

图 6-12 绘出选区

图 6-13 移动选区

图 6-14 扩展模式

6.1.5 红眼工具

"红眼工具"可以移除照片中人物的红眼，也可以移除照片中动物眼中的白色或绿色的反光。红眼工具属性栏如图 6-15 所示。

瞳孔大小: 43% ▼ 变暗量: 50% ▼

图 6-15 红眼工具属性栏

- 瞳孔大小：此选项用于设置修复瞳孔范围的大小。
- 变暗量：此选项用于设置修复范围的颜色的亮度。

使用"红眼工具"对图像进行修复的操作步骤为：打开素材图像，在工具箱中选择"红眼工具"，设置瞳孔大小，在图像中红眼区域单击鼠标，即可消除红眼，效果如图 6-16 所示。

图 6-16 消除红眼前后对照图

6.2 课堂案例——修复照片

本案例通过修复照片介绍修复工具的使用，照片修复前后对照图如图 6-17 所示。

图 6-17　修复照片

具体操作步骤如下。

STEP 1 打开素材图像，选择污点修复画笔工具 ，调整画笔大小为 10 像素，在小女孩额头的污点处单击去除污点，如图 6-18 所示。

图 6-18　使用"污点修复画笔"去除污点

STEP 2 选择修复画笔工具 ，调整画笔大小为 80 像素，按住 Alt 键在图像右上角取样，将鼠标移动到图中文字区域，拖动鼠标去掉文字，如图 6-19 所示。

图 6-19　使用"修复画笔"去除文字

STEP 3 选择修补工具，在工具属性栏中选择"源"，拖动鼠标选中图中的树叶，将选中的图像拖动到没有树叶的区域，重复上述步骤，去除图中的叶子，如图6-20所示。

图6-20　使用修补工具去除叶子

STEP 4 选择修补工具，在工具属性栏中选择"目标"，在胳膊上没有污点的地方拖动选择一个没有污点的区域，将该区域拖动到有污点的地方，重复上述步骤，去除图中的污点，如图6-21所示。

图6-21　使用修补工具去除污点

STEP 5 选择内容感知移动工具，选择"移动"模式，然后在图像中拖动鼠标选中篮子区域，如图6-22所示。将篮子移动到图像的左下角，释放鼠标，效果如图6-23所示。

图6-22　使用内容感知移动工具选中篮子

图6-23　图像修复后

6.3　图章工具组

图章工具是常用的修饰工具之一，主要用于复制图像，以修补局部图像的不足，图章工具包括仿制图章工具和图案图章工具两种。

6.3.1　仿制图章工具

仿制图章工具用于对图像的内容进行复制，既可以在同一幅图像内部进行复制，也可以在不同的图像之间进行复制。仿制图章工具属性栏如图 6-24 所示。

图 6-24　仿制图章工具属性栏

- 对齐：勾选此项后，不管用户停笔后再画几次，在多次绘制中，都保持取样点与绘制起始点同步位移。取消勾选此项后，则每次停笔再画时，都从原先的起画点开始。
- 取样：在该列表中可以选择"当前图层""当前和下方图层"和"所有图层"3 种取样的目标范围。

使用仿制图章复制图像的步骤如下。

STEP 1 单击"文件"|"打开"，打开素材图像，选择工具箱中的"仿制图章工具"，在属性栏中设置画笔大小，并在"模式"下拉列表中选择"正常"。

STEP 2 按住 Alt 键在喇叭花的部分单击鼠标进行采样。

STEP 3 采样后，放开 Alt 键，将鼠标移动到图像中要复制的位置，按住鼠标左键拖动进行涂抹，即可复制出一朵喇叭花，如图 6-25 所示。

图 6-25　用仿制图章工具复制图像

6.3.2　图案图章工具

图案图章工具的作用是将系统自带或者自定义的图案进行复制并填充到图像区域中。图案图章工具的属性栏如图 6-26 所示。

图 6-26　图案图章工具的属性栏

- 画笔：可以设置图案图章在填充图案时的大小。
- 图案：单击 ▦▾ 按钮，可以选择所需的图案。还可以通过 ⚙ 添加更多的图案。
- 印象派效果：勾选该项，则对绘画选区的图像产生模糊、朦胧化的印象派效果。

使用图案图章工具涂抹图案的步骤如下。

STEP 1 单击"文件"|"打开"，打开素材图像，选择魔棒工具，在背景的白色部分单击，选中白色背景区域，如图 6-27 所示。

图 6-27　选中白色背景区域

STEP 2 选择"图案图章工具"，在属性栏中选择"黄菊"图案，在白色背景选区中拖动，即可将选区中填充黄菊图案，如图 6-28 所示。

图 6-28　图案图章填充效果

6.4　课堂案例——去除照片中多余的物体

本案例通过去除照片中多余的物体介绍图章工具的使用，照片修复前后对照图如图 6-29 所示。

图 6-29　去除照片中多余的物体

具体操作步骤如下。

STEP 1 打开素材图像，选择仿制图章工具 █，调整画笔大小为 60 像素，硬度最小，按住 Alt 键在电线杆右侧处单击确定源，将鼠标移动到电线杆上涂抹去除电线杆，如图 6-30 所示。

STEP 2 继续使用仿制图章工具，调整画笔大小，去掉标志牌，如图 6-31 所示。

图 6-30　去除电线杆　　　　　　　　　　　图 6-31　去除标志牌

6.5　模糊锐化涂抹工具

图像修饰工具包括模糊工具、锐化工具和涂抹工具。其中，模糊工具和锐化工具主要是对图像进行调焦处理。模糊工具的原理是通过降低图像相邻像素之间的反差，使图像的边缘或局部变得柔和；锐化工具则是通过增大图像相邻像素之间的对比度，使图像的边缘或局部变得清晰；涂抹工具类似模拟在未干的画面上用手指来回涂抹而产生效果。

6.5.1　模糊工具

模糊工具 █ 可对图像的全部或局部区域进行模糊，它可以降低像素之间的对比度，使图像变得柔和。其属性栏中的"强度"用于设置模糊强度，值越大模糊效果越明显，如图 6-32 所示。

图 6-32　图像模糊前后

6.5.2　锐化工具

锐化工具 █ 和模糊工具的作用相反，锐化工具可将图像的全部或局部区域进行锐化，可增加像素之间的对比度，使图像的边缘变清晰。其属性栏中的"强度"用于设置锐化强度，值越大锐化效果越明显，如图 6-33 所示。

图 6-33 图像锐化前后

6.5.3 涂抹工具

涂抹工具![icon]通过混合鼠标拖动位置的颜色，从而模拟手指搅拌颜料的效果。涂抹时首先在属性栏选择合适的大小，然后在图像中单击鼠标并拖动即可，如图 6-34 所示。

图 6-34 涂抹效果

6.6 加深减淡海绵工具

图像颜色处理工具主要用于对图像局部的色彩进行修饰，包括加深工具、减淡工具和海绵工具。其中加深工具和减淡工具用来变暗或加亮图像区域，海绵工具用来调整图像的色彩饱和度。

6.6.1 加深工具

加深工具![icon]可以将图像全部或部分区域变暗，使原来明亮的地方变暗。其属性栏中的"曝光度"用于颜色变深的强度，值越大颜色越深。对图像使用加深工具后的效果如图 6-35 所示。

图 6-35　加深工具效果图

6.6.2　减淡工具

减淡工具可以将图像全部或部分区域变亮，使原来明亮的地方变暗。其属性栏中的"曝光度"用于颜色变浅的强度，值越大颜色越浅。对图像使用减淡工具后的效果如图 6-36 所示。

图 6-36　减淡工具效果图

6.6.3　海绵工具

海绵工具 是色彩饱和度的调整工具，可以降低或提高图像的色彩饱和度。海绵工具属性栏中的"模式"有"饱和度"和"降低饱和度"2 种选项。其中，"饱和度"选项可以提高图像颜色的饱和度，"降低饱和度"选项可以降低图像颜色的饱和度。对图像使用海绵淡工具后的效果如图 6-37 所示。

图 6-37　海绵工具效果图

6.7 课堂案例——给人物化妆

本案例通过给图像中的人物化妆介绍图像修饰工具的使用，化妆前后对照图如图 6-38 所示。

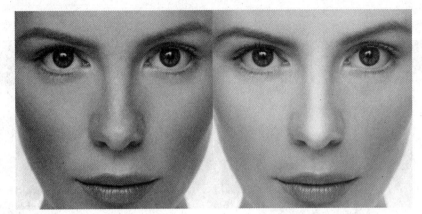

图 6-38　人物化妆前后

具体操作步骤如下。

STEP 1 打开素材图像，选择加深工具 ，在属性栏中设置大小为 35 像素，在眉毛部分涂抹将眉毛颜色加深，如图 6-39 所示。

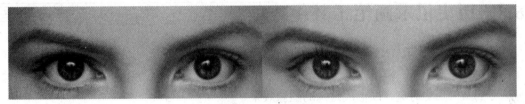

图 6-39　加深眉毛

STEP 2 选择海绵工具 ，在属性栏中设置"模式"为"饱和度""流量"为 20%，在唇部内部涂抹，将唇部的颜色饱和度提高，如图 6-40 所示。

STEP 3 选择减淡工具 ，适当降低曝光度，在皮肤部分涂抹，将面部皮肤的颜色变白，如图 6-41 所示。

STEP 4 选择海绵工具 ，在属性栏中设置"模式"为"饱和度"，在脸颊部分涂抹，将脸颊的颜色饱和度提高，如图 6-42 所示。

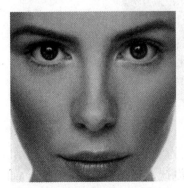 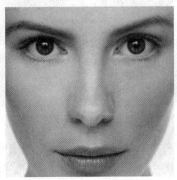 

图 6-40　提高局部的颜色饱和度　　　　图 6-41　调白皮肤　　　　图 6-42　提高脸颊的颜色饱和度

STEP 5 选择锐化工具 ▲，在属性栏中设置大小为 40 像素，在睫毛部分涂抹，将睫毛部分进行锐化，如图 6-43 所示。

STEP 6 选择减淡工具 🔍，适当降低曝光度，在鼻梁上上下涂抹，化妆最终的效果如图 6-44 所示。

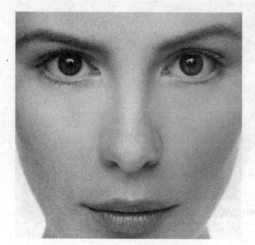
图 6-43　锐化睫毛部分

图 6-44　最终效果

6.8　历史记录画笔工具组

6.8.1　历史记录画笔工具

历史记录画笔工具 ✐ 是与"历史记录"面板结合起来使用的。主要用于将图像的部分区域恢复到某一历史时刻，以形成特殊的图像效果。

历史记录画笔的使用步骤如下。

STEP 1 打开一张图像如图 6-45 所示。

图 6-45　打开图像

STEP 2 单击"图像"|"调整"|"去色"命令，将图像变为黑白照片，如图 6-46 所示。

STEP 3 在工具箱中选择"历史记录画笔"，在花束部分涂抹，将花束的颜色恢复，如图 6-47 所示。

图 6-46　调色黑白

图 6-47　恢复花束颜色

6.8.2　历史记录艺术画笔

历史记录艺术画笔和历史记录画笔功能相似，该工具同样具有恢复图像的功能，恢复图像的操作方法与历史记录画笔工具相同。不同的是，历史记录画笔工具能将图像的某部分恢复到制定的某一部操作，而历史记录艺术画笔工具能将某部分图像指定的历史记录状态转换成手绘图效果。

历史记录艺术画笔工具使用前后对比效果如图 6-48 所示。

图 6-48　历史记录艺术画笔效果

● 课后习题 1　给图像中的人物去除皱纹，去皱前后对照图如图 6-49 所示。

图 6-49　给人物去除皱纹

● 课后习题 2　去除图像中多余的人物，前后对照图如图 6-50 所示。

图 6-50　去除多余人物

● 课后习题 3　修复图像，修复前后对照图如图 6-51 所示。

图 6-51　修复图像

● 课后习题 4　根据提供的珠宝广告素材，修饰图像，如图 6-52 所示。

图 6-52　修复广告

PART 7

第 7 章
文字的使用

本章主要介绍文字工具及参数的设置。

学习目标

- 掌握横排文字工具、直排文字工具的使用
- 掌握文字蒙版工具的使用
- 掌握点文字和段落文字的操作
- 掌握文字变形的操作
- 掌握路径文字的使用方法

7.1 文字工具

要在 Photoshop 中创建文本，需要使用工具箱中的文字工具，如图 7-1 所示。

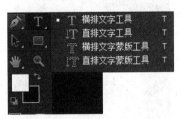

图 7-1 文字工具

在图中有四种工具可供选择，使用横排文字工具 T 时，表示输入水平文字；当使用直排文字工具 T 时，表示输入垂直的文字，在图层调板中会自动出现相应的文字图层。使用横排文字蒙版工具 T 和直排文字蒙版工具 T，可以创建文字选区，在图像中单击，整个图像会被蒙上一层半透明的红色，相当于快速蒙版，可以直接输入文字，并对文字进行编辑和修改，单击"提交所有当前编辑"，蒙版状态的文字会转换为虚线的文字选区。

输入文字后，还要对文字的属性（包括字符属性、段落属性）进行设置，字符的属性包括文字的字体、大小、样式和字距等，段落属性包括段落的编排、对齐和定位等。

在工具箱中选择文字工具 T，在图像中单击鼠标，出现文字输入符，输入文字，此时的文字属性栏显示如图 7-2 所示。

图 7-2　文字属性栏

- 改变文本方向：可以改变输入文字的排列方向。
- 设置字体系列 [汉仪长艺体简]：在下拉列表中选择合适的字体。
- 设置字体大小 [60点]：在下拉列表中选择合适的字号，也可根据需要录入数值。
- 设置文本对齐：用于设定文字的段落格式，分别是左对齐、居中对齐和右对齐。
- 设置文本颜色：单击图标，在弹出的"拾色器"对话框中设置字体的颜色。
- 创建变形文本：可以创建变形文本。
- 取消所有当前编辑：用于取消对文字的操作。
- 提交所有当前编辑：用于确定对文字的操作。
- 字符和段落调板：可以调整字体的基本属性。

7.1.1　创建横排文字

使用"横排文字工具"输入文字的操作步骤如下。

STEP 1 打开素材图像，如图 7-3 所示。在工具箱中选择横排文字工具 T，在工具选项栏中设置字体为宋体，字号为 30 点，文字颜色设置为白色。在图像中单击插入一个文本光标，然后在光标后输入文字"幸福之旅"，如图 7-4 所示。

STEP 2 在插入输入符状态下拖动鼠标，将"幸福之旅"文字选中，然后在工具属性栏中修改字体为"汉仪长艺体简"字体，如图 7-5 所示。

图 7-3　打开图像

图 7-4　输入字

图 7-5　修改字体

STEP 3 输入文字后，在图层面板中会自动生成一个文字图层，文字图层的名称即为当前输入的文字，如图 7-6 所示。

STEP 4 在文字图层上双击带 T 字的文字图层缩略图，对文字进行重新编辑。将文字修改为"明媚夏日"，如图 7-7 所示。

图 7-6　自动生成图层

图 7-7　修改文字

7.1.2　输入直排文字

创建直排文字的方法和创建横排文字相同。右击横排文字工具 T ，在下拉工具中选择直排文字工具 ↓T ，即可在图像中输入竖排文字。使用直排文字工具 ↓T 输入文字的操作步骤如下。

STEP 1 打开素材图像，在工具箱中选择直排文字工具 ↓T ，在工具属性栏中设置字体为黑体，字号为 60 点，文字颜色为白色。在图像中单击插入一个文本光标，然后在光标后输入文字"大漠孤烟直"，输入完文字后单击"提交所有当前编辑"命令，文字效果如图 7-8 所示。

STEP 2 在文字图层上双击带 T 字的文字层缩略图，打开字符面板，将字符间距设置为400，如图 7-9 所示。调整后的文字效果如图 7-10 所示。

图 7-8　输入文字

图 7-9　修改

图 7-10　文字效果

7.2　段落文字和变形文字

7.2.1　输入段落文字

段落文本是一类以段落文字边框来确定文字的位置与换行的文字，边框里的文字会自动换行。

输入段落文字步骤如下。

选择文字工具，在页面中拖动鼠标，松开鼠标后就会创建一个段落文本框，文字输入符显示在文本边框里，如图7-11所示。

图7-11 创建段落文本框

生成的段落文本框有8个控制文本大小的控制点，如图7-12所示。可以缩放文本，但不影响文本内的各项设定，创建完文本后，就可以在文本内直接输入文字。如果缩小文本，放不下的文字会被隐藏起来。文本右下角的控制点成为"田"字形，表示还有文字没显示出来，如图7-13所示。

图7-12 控制点

图7-13 缩小文本框

7.2.2 变形文字

已经输入好的文字可以通过工具属性栏中的"变形"选项进行不同形状的变形，如"挤压""扭转"等。"变形"操作对文字图层上所有的文字字符有效，不能只对选中的字符执行弯曲变形。

"变形"操作如下。

STEP 1 选择工具箱中的文字工具，输入一段文字，这时在图层面板上会产生一个新的文字图层。

STEP 2 在文字工具属性栏上选择创建文字变形工具，弹出该对话框，如图7-14所示。

- 水平：设置弯曲的中心轴是水平方向。
- 垂直：设置弯曲的中心轴是垂直方向。
- 弯曲：设置文本弯曲的程度，数值越大弯曲度越大。
- 水平扭曲：设定文本在水平方向产生扭曲变形的程度。

- 垂直扭曲：设定文本在垂直方向产生扭曲变形的程度。
- 样式：打开下拉列表可在 15 种效果中选择所需要的样式，如图 7-15 所示。

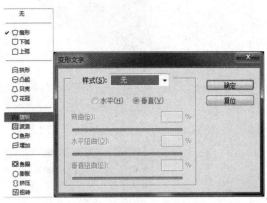

图 7-14 变形文字对话框 　　　　　　　　 图 7-15 文字样式

7.3 课堂案例——创建变形文字

本案例通过制作化妆品广告介绍文字工具的使用及文字的变形，效果图如图 7-16 所示。

图 7-16 制作广告文字

具体操作步骤如下。

1. 制作绿白绿渐变背景和移入素材

STEP 1 单击"文件"|"新建文件"命令，建立一幅新图像。参数设置如下：名称为"7-4化妆品广告"、宽度为 735 像素、高度为 390 像素、分辨率为 72dpi，RGB 颜色模式。背景内容为白色。

STEP 2 新建图层命名为"绿白绿渐变背景"，设置前景色为#ffffff，背景色为#90cea8。选择工具箱里的"渐变工具"，设置渐变方式为对称渐变，从图像的中央往右下角拉渐变，制作出渐变背景，如图 7-17 所示。

STEP 3 单击"文件"|"打开"菜单命令，按住 Ctrl 健依次选择洁肤乳、水花 1、水花 2、百合花这 4 幅图片打开。

STEP 4 单击"移动"工具按钮，将这 4 幅图片分别移动到"7-4 化妆品广告"的文件中。效果如图 7-18 所示。

图 7-17　制作渐变

图 7-18　移动图片

2. 制作旗帜变形文字

STEP 1 单击横排文字工具 T，在文字工具属性栏，设置字体为黑体，字号为 30 点，颜色设置为黑色，然后输入文字"郑敏洁肤乳"，按 Enter 键，输入"爱美女性的最佳选择"，拖动鼠标选择"郑敏"两个字，设置"郑敏"两个字的字号为 52 点，颜色为#2e5b3f。文字输入如图 7-19 所示。

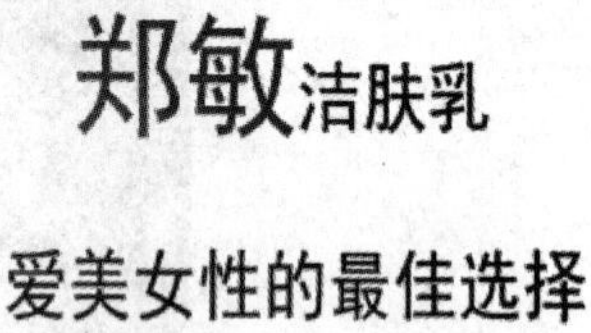

STEP 2 在文字工具属性栏上，单击"创建变形文字"按钮，弹出"变形文字"对话框，在该对话框中对文本的整体外形进行设置，其中参数设置如图 7-20 所示，效果如图 7-21 所示。

郑敏洁肤乳

爱美女性的最佳选择

图 7-19　输入文字

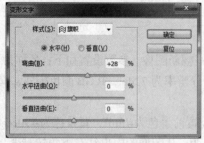

图 7-20　变形文字参数设置

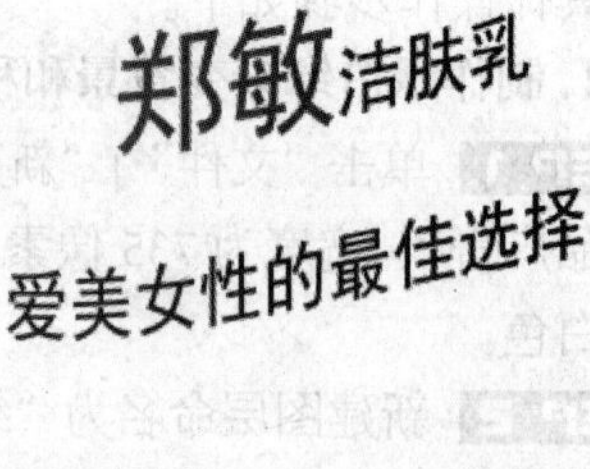

郑敏洁肤乳

爱美女性的最佳选择

图 7-21　变形文字效果

3. 制作多彩文字

STEP 1 单击横排文字工具 T，在文字工具属性栏上，设置字体为隶书，字号为 40 点，设置颜色为 RGB（0，0，0），输入"郑敏出品"，按 Ctrl+Enter 键确认文字。在该图层单击右键，执行栅格化命令。

STEP 2 执行"选择"|"载入选区"，单击渐变工具，设置渐变为色谱。设置渐变如图 7-22 所示。选择线性渐变，在文字上从左到右拖到渐变，效果如图 7-23 所示。

图 7-22　设置渐变

STEP 3 新建一个图层，绘制一个橙色矩形，在矩形上面输入红色文字："双 11 特惠价：￥99"，效果如图 7-24 所示，整个化妆品广告效果如图 7-16 所示。

图 7-23　渐变效果　　　　　　　　　　图 7-24　绘制矩形文字

7.4　路径文字

文字工具结合路径来使用，可以使文字排版更加灵活方便，可以把文字做成任意形状的排列。

使用路径进行文字排版分为 2 种方式。

1. 文字按照路径的轮廓排版

操作步骤如下。

STEP 1 绘制路径，如图 7-25 所示。

STEP 2 选择横排文字工具，将鼠标移动到路径上，当鼠标图标发生变化时，按下鼠标左键，录入文字，如图 7-26 所示。

2. 文字按照路径的形状排版

STEP 1 绘制路径，如图 7-25 所示。

STEP 2 选择横排文字工具，将鼠标移动到路径内部，当鼠标图标发生变化时，按下鼠标左键，录入文字，如图 7-27 所示。

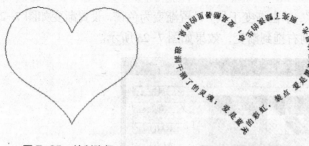

图 7-25　绘制路径　　　　　　　图 7-26　录入文字　　　　　　　图 7-27　横排文字

7.5　课堂案例——制作舞蹈协会广告

本案例通过制作舞蹈协会的广告牌介绍路径文字的应用，效果如图 7-28 所示。

图 7-28　制作广告

操作步骤如下。

STEP 1　打开素材，选择钢笔工具，在属性栏上选择路径模式。在窗口中沿着深绿色飘带绘制一个曲线路径，绘制过程中，假如某个锚点的位置不合适或曲线的弯曲度不合适，按住 Ctrl 拖动锚点，可改变锚点的位置；按住 Alt 键改变控制柄的长度和方向，可以改变曲线的弯曲度。绘制完成后，可以使用直接选择工具修改曲线路径，路径效果如图 7-29 所示。

图 7-29　路径效果

STEP 2 选择横排文字工具 T ，设置文字字体为隶书，大小为40像素，颜色为红色，字符间距为-20。移动光标至路径上方，当指针变成曲线的时候，单击确定插入点，输入文字，效果如图7-28所示。

● 课后习题　制作一个网站的效果图，如图7-30所示。

图 7-30　网站效果

PART 8

第 8 章
路径的操作

本章主要介绍路径工具的使用及其各参数的设置。路径工具是 Photoshop 矢量设计功能的充分体现，用户可以利用路径功能绘制高精度的线条或曲线，再通过转换以获得高精度的选区，接着对选区进行填充或描边，从而完成绘图工具无法完成的工作。

学习目标

- 掌握路径的基本知识
- 掌握形状工作组的基本使用
- 掌握路径工具的使用
- 掌握路径的创建、选取和编辑
- 掌握路径绘画和抠图

8.1 形状工具组

使用矩形工具可以绘制矩形或正方形路径。在工具箱上单击"矩形工具"按钮可以打开 6 种形状绘制工具，如图 8-1 所示。

选择"矩形工具"后，弹出矩形工具的属性栏，如图 8-2 所示。

形状下拉按钮有 3 个图标按钮分别用于创建填充形状、创建矩形路径和填充像素，如图 8-3 所示。

图 8-1　形状绘制工具

图 8-2　矩形工具属性栏

- 形状：用来定义蒙版边界的形状和仅出现在形状内的填充。
- 路径：创建没有关联像素且独立于当前图层的路径。可以将路径想象成一个模板，可以使用它的形状为图像添加描边或填充，但路径与这些像素是分离的。如果移动路径，描边或填充将保留在绘制时所在的位置。可以在不同的位置和不同的图层上反复地对同一路径进行描边或填充。
- 像素：创建填充了像素的形状。松开鼠标后，只有使用选择工具在形状周围绘制选区边界后才能对它进行修改。在单独的图层上绘制新的形状是一种很好的方法，这可以更轻松地选择、修改和移动形状。

在绘制完一个形状后进行下一个绘制时，属性栏上提供 5 种叠加方式，如图 8-4 所示。

图 8-3　形状按钮

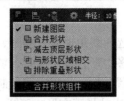

图 8-4　叠加方式

- 新建图层：重新创建一个新的形状图层，与前面绘制的图层彼此间是独立的。
- 合并形状：可将新区域添加到重叠路径区域。
- 减去顶层形状：可将新区域从重叠路径区域移去。
- 与形状区域相交：将路径限制为新区域和现有区域的交叉区域。
- 排除重叠形状：从合并路径中排除重叠区域。

后面 4 种叠加方式的效果如图 8-5 所示。

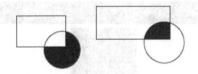

图 8-5　不同叠加组合效果图

8.1.1　矩形工具

从工具箱中选择"矩形工具"后，单击工具选项栏上的"几何选项"下拉按钮，弹出图 8-6 所示对话框。

图 8-6　几何选项

- 不受约束：允许通过拖移设置矩形、圆角矩形、椭圆或自定形状的宽度和高度。
- 方形：将矩形或圆角矩形约束为方形。在绘制时按住 Shift 键，能达到同样的效果。
- 固定大小：根据在"宽度"和"高度"文本框中输入的值，将矩形、圆角矩形、椭圆或自定形状渲染为固定形状。
- 比例：根据在"宽度"和"高度"文本框中输入的值，将矩形、圆角矩形或椭圆渲染成比例的形状。
- 从中心：从中心开始渲染矩形、圆角矩形、椭圆或自定形状。

8.1.2　圆角矩形工具、椭圆工具和多边形工具

圆角矩形工具、椭圆工具和多边形工具的使用方法和参数设置与"矩形工具"类似，如图 8-7 至图 8-9 所示。

图 8-7　圆角矩形工具栏

图 8-8　椭圆工具栏

图 8-9　多边形工具栏

从工具箱选择圆角矩形、椭圆、多边形在工作区即可画出圆角矩形、椭圆、多边形，其中像素、填充、描边大小、宽和高等都可在属性栏上设置参数。如果需要绘制正方形、正圆、正多边形，只需按住 Shift 拖出就是正方形、正圆、正多边形。下面对多边形的几个特殊参数进行说明，其他的相类似不再阐述，如图 8-10 所示。

图 8-10　多边形参数设置

- 半径：对于圆角矩形，指定圆角半径；对于多边形，指定多边形中心与外部点之间的距离。
- 平滑拐角：用平滑拐角或缩进渲染多边形。
- 缩进边依据：将多边形渲染为星形。

8.1.3　直线工具

直线工具的选项设置如图 8-11 所示。

图 8-11　直线工具栏

- 粗细：以像素为单位确定直线的宽度。
- 箭头的起点和终点：向直线中添加箭头。选择直线工具，然后选择"起点"，即可在直线的起点添加一个箭头；选择"终点"即可在直线的末尾添加一个箭头。同时选择这两个选项，可在两端添加箭头。输入箭头的"宽度"值和"长度"值，以直线宽度的百分比指定箭头的比例（"宽度"值为 10%～1000%，"长度"值为 10%～5000%）。输入箭头凹度值（−50%～+50%）。

8.1.4　自定义形状工具

从工具箱中选择自定义形状工具后，单击"形状"后面的下拉按钮，可以打开样式选择框，如图 8-12 所示。

图 8-12　自定义形状及定义的图形

单击样式选择框右上角的小三角按钮，将弹出一个菜单，从该菜单中还可以选择其他预设的形状，并且可以对预设形状进行载入和删除等操作。

8.2 课堂案例——奔驰 Logo 的制作

本案例通过绘制奔驰 Logo 学习椭圆工具和多边形工具的使用，效果如图 8-13 所示。

具体操作步骤如下。

STEP 1 新建一个文件，宽度和高度均为 800 像素，分辨率为 72dpi。创建两条参考线，如图 8-14 所示。

图 8-13 奔驰 Logo

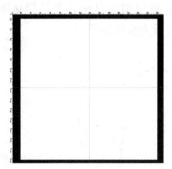

图 8-14 创建参考线

STEP 2 在工具箱选择椭圆工具，绘制圆形路径，如图 8-15 左所示，设置画笔工具属性为 20 像素，硬度 100%，用画笔描边路径，如图 8-15 右所示。

STEP 3 在工具箱上选择多边形工具，在属性栏中选择形状图层，设置边数为 3，多边形选项设置如图 8-16 所示，按住鼠标左键从参考线的交点处向外绘制星型，效果图如图 8-13 所示。

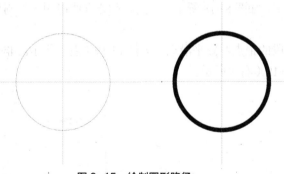

图 8-15 绘制圆形路径

图 8-16 多边形选项

8.3 钢笔工具组

Photoshop 是以编辑和处理位图为主的图像处理软件，同时为了应用的需要也包含了一定的矢量图处理功能，路径功能即为 Photoshop 矢量设计功能的充分体现。

路径的主要用途有以下几种。

（1）图形操作

Photoshop 主要是一个位图处理软件，但也可以在里面创作一些矢量图。

（2）某些复杂选区的选取

用路径工具在图像窗口中画出图形后，可以将其转为选区，用路径工具可以画出非常精确的图形，所以在 Photoshop 中，利用路径工具可以选取出一些比较复杂而精确的选区。

用"钢笔工具"等画出来的路径是由贝塞尔曲线构成的线条或图形，路径上的描点可以调整曲线的形状。路径可以是开放的，即具有明确的起点和终点；也可以是闭合的，即起点和终点重合，闭合曲线可以构成各种几何形状。

在了解路径的基本元素之前，先来看看贝塞尔曲线的组成，如图 8-17 所示。

贝塞尔曲线是由三个点的组合定义的，其中的一个点在曲线上，另外两个点在控制手柄上，拖动这三个点可以改变曲率和方向。路径的基本组成元素如下。

线段：路径组成是由各个线段依次连接而成的。线段分为直线线段和曲线线段 2 种，图 8-18 所示为曲线线段。

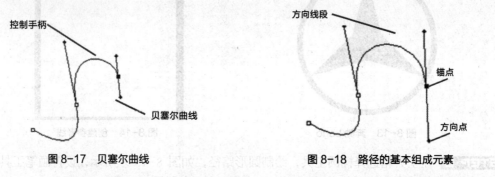

图 8-17　贝塞尔曲线　　　　　　　　　图 8-18　路径的基本组成元素

锚点：锚点是用于标记每一个线段结束的端点，锚点都是用小方块表示，黑色实心的小方块表示该定位点为当前选择的锚点，如图 8-18 所示。

方向点和方向线段：对曲线进行修改的时候，在当前的锚点上将显示 0~2 个方向线段和方向点，方向点用黑色实心小方块表示，如图 8-18 所示。方向点和方向线段用于控制与当前锚点相关联的曲线线段的形状和大小。

平滑点和角点：平滑连接两个线段的锚点叫做平滑点，如图 8-19（左）所示。非平滑连接两个线段的锚点叫做角点，如图 8-19（右）所示。

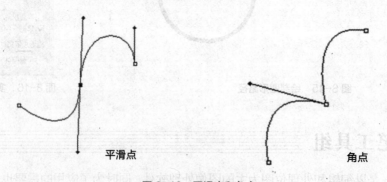

图 8-19　平滑点和角点

8.3.1　路径绘制工具

在介绍创建路径的基本操作以前，首先来了解一下制作路径的相关工具，主要包括 3 个部分：钢笔工具组、路径选择工具和路径调板。

1.钢笔工具组

要创建路径，就要用到工具箱中的钢笔工具组，如图 8-20 所示。

钢笔工具组包括五个工具，各个工具的功能如下。

- 钢笔工具：可以绘制出由多个点连接而成的线段或曲线。
- 自由钢笔工具：可以自由地绘制线条或曲线。
- 添加锚点工具：可以在现有的路径上增加一个锚点。
- 删除锚点工具：可以在现有的路径上删除一个锚点。
- 转换点工具：可以在平滑曲线转折点和直线转折点之间进行转换。

2.路径选择工具组

创建路径以后，对路径进行编辑就需要用到路径选择工具组，路径选择工具有路径选择工具和直接选择工具两个，如图 8-21 所示，两个工具功能如下。

- 路径选择工具：用于选择整个路径及移动路径。
- 直接选择工具：用于选择路径锚点和改变路径的形状。

图 8-20　钢笔工具组

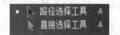

图 8-21　路径选择工具组

3.路径调板

选择"窗口"|"路径"命令，可打开"路径"调板。在创建了路径以后，该调板才会显示路径的相关信息，如图 8-22 所示。

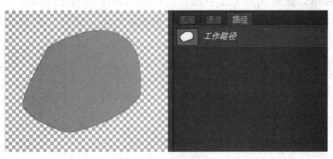

图 8-22　路径调板

- 路径名称：用于设置路径名称。若在存储路径时不输入新路径的名称，则 PhotoShop 会自动依次命名为路径 1、路径 2……依次类推。
- 路径缩览图：用于显示当前路径的内容，它可以迅速地辨识每一条路径的形状。
- 填充路径：用前景色填充被路径包围的区域。
- 描边路径：可以按设置的绘图工具和前景色沿着路径进行描边。
- 将路径转换为选区：可以将当前工作路径转换为选取范围。
- 将选区转换为路径：可将当前选取范围转换为工作路径，该按钮有在图像中选取了一个范围后才能使用。
- 创建新路径：单击此按钮可以创建一个新路径。
- 删除路径：在"路径"调板中选择某个路径后单击该按钮可将其删除。

- "路径"调板菜单：单击"路径"调板右上角的三角形按钮可以打开一个菜单，从中选择编辑路径命令。

8.3.2 钢笔工具的使用

使用"钢笔工具"可以创建直线路径和曲线路径。单击选择该工具后，其选项栏如图 8-23 所示。

图 8-23 钢笔工具栏

各选项含义如下。

- 图标按钮  ：选择不同的按钮将分别创建形状图层、工作路径和填充区域，其作用与形状工具相应按钮相同。
- 图标按钮  ：选中该复选框，可以实现自动添加删除锚点功能。

1. 绘制直线路径

使用钢笔工具创建直线路径的具体操作如下。

STEP 1 单击工具箱中的"钢笔工具"按钮，在图像窗口中适当位置处单击鼠标创建直线路径的起点，即第 1 个描点。

STEP 2 移动鼠标至另一位置处单击，将与起点之间创建一条直线路径，如图 8-24 所示。

STEP 3 将鼠标移到第 3 个位置处单击，就可在该单击处与上一线段的终点间建立一条直线路径，如图 8-25（左）所示。

STEP 4 依此类推，便可用钢笔工具创建出用直线段组成的路径形状，最后将鼠标移到路径的起点处，当光标右下方出现一个小圆圈时，单击鼠标即可创建一条封闭的路径，如图 8-25（右）所示。

图 8-24 绘制直线　　　　　　　　　　　图 8-25 绘制折线

在使用钢笔工具创建直线路径时，按住 Shift 键不放，可以创建水平、垂直或 45 度方向的直线路径。另外，若用户在创建路径时创建的为填充路径，在其选项栏中选中"创建工作路径"按钮即可。

2. 绘制曲线路径

绘制曲线线段与绘制直线线段的最大不同点就是对锚点进行拖动操作以产生若干方向线段，利用这些方向线段和方向来对曲线线段的形状和位置进行进一步的修改。下面以勾画嘴唇为例，操作步骤如下。

STEP 1 从工具箱中单击"钢笔工具" 按钮，在图像窗口中的嘴唇边缘处单击，使之成为起始点。

STEP 2 接着移动鼠标，在嘴唇另一处边缘单击并拖动鼠标，图像窗口上便出现一个起始锚点和它的方向线，如图 8-26（左）所示。可见，用"钢笔工具"拖动锚点时，会产生一根方向线，方向线两端的锚点为方向点。拖动时，鼠标指针只会牵引出两个方向点的其中之一，同时，拖动这两个方向点可改变方向线的长度和位置，也就改变了曲线的形状和平滑程度。

STEP 3 继续沿着嘴唇边缘建立路径锚点，当绕嘴唇一圈回到起始锚点时，单击封闭路径，就完成了嘴唇路径基本轮廓，如图 8-26（右）所示。

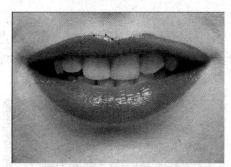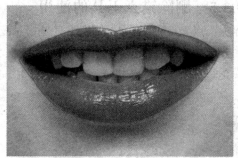

图 8-26　绘制曲线路径

提示:

在绘制时，想改变下一段弧度的拐角时可以按住 ALT 键鼠标单击锚点旁的手柄。

8.3.3　自由钢笔工具的使用

使用自由钢笔工具可以画出任意形状的路径。使用前，先在选项栏中设置好"自由钢笔工具"的选项属性。

用自由钢笔工具创建路径的步骤如下。

STEP 1 选择自由钢笔工具，然后在图像中单击鼠标确定起始锚点，任意拖动鼠标，就会自动生成相应的锚点来连接拖动的轨迹而形成路径。

STEP 2 释放鼠标就会以当前位置作为路径终点结束路径，如图 8-27 所示。若把鼠标移到起始锚点后释放鼠标，将形成封闭路径，否则形成开放路径。要扩展一条开放路径，用鼠标按下它的其中一个端点拖动即可。

图 8-27　用自由钢笔工具创建路径

8.3.4　添加锚点工具的使用

添加锚点工具用于对创建好的路径添加锚点。当已经创建的路径在某个位置需要细化修改时，使用该工具添加一个锚点后可以使曲线的弧度更加容易控制。

选择工具箱中的添加锚点工具，将光标置于要添加锚点的路径上，然后单击鼠标，即可添加一个锚点，添加的锚点以实心显示，如图 8-28（左）所示，表示为当前工作锚点。添加锚点后光标会自动变为"直接选择工具"的光标编辑状态，此时拖动该锚点可以变换此锚点处路径的形状，如图 8-28（中）所示。

另外，在路径上右击，在弹出的快捷菜单中选择"添加锚点"命令也可以添加一个锚点，如图 8-28（右）所示。

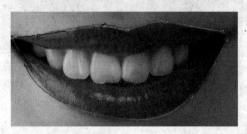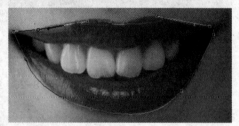

图 8-28　添加和移动锚点

8.3.5　删除锚点工具的使用

删除锚点工具 与添加锚点工具是相对应的，它用于删除不需要的锚点。删除锚点工具的使用方法与添加锚点工具类似，先将光标置于要删除的锚点上，然后单击鼠标，即可删除该锚点，同时路径的形状也会发生相应的变化。删除锚点前后的效果如图 8-29 所示。

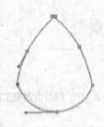

图 8-29　删除锚点前后

8.3.6　转换点工具的使用

利用转换点工具可以在平滑点（表示曲线的节点）和角点（表示直线的节点）间相互转换。如果单击的是平滑点，如图 8-30（左）所示，将由平滑点转换为没有方向的角点，如图 8-30（中）所示。此时单击转换后的角点锚点并进行拖动，将会出现平滑点的方向线和方向点，如图 8-30（右）所示，表示已将角点转换为平滑点。

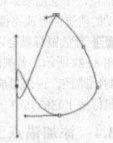

图 8-30　平滑点、转换为角点

8.4　路径选择工具和直接选择工具

在编辑路径之前要先选中路径或锚点。选择路径可以使用以下方法。

STEP 1 使用 "路径选择工具" 选择路径，只需移动鼠标在路径之内的任何区域单击即可，此时将选择整个路径，被选中的路径以实心点的方式显示各个锚点，如图 8-31 所示。

STEP 2 使用 "直接选择工具"选择路径,必须移动鼠标在路径线上单击,才可选中路径。被选中的路径以空心点的方式显示各个锚点,如图 8-32 所示。在选中某个锚点后,可拖动鼠标移动该锚点。选中整个路径,拖动鼠标可移动整个路径。

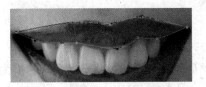

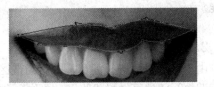

图 8-31 路径选择工具选择路径   图 8-32 直接选择工具

STEP 3 选中路径选择工具,移动鼠标在图像窗口中拖出一个选择框,如图 8-33(左)所示,然后释放鼠标,这样要选取的路径就会被选中,如图 8-33(右)所示。

图 8-33 使用鼠标拖动选取路径

提示:

在使用钢笔工具的情况下,若按下 Ctrl 键则可切换为 "直接选择工具"。在移动路径的操作中,无论使用的是 "路径选择工具"还是 "直接选择工具",只要同时按住 Shift 键就可以在水平、垂直或者 45 度方向上下移动路径。

8.5 路径与选区间的转换

创建路径的最终目的是将其转化为选区范围,而将一个选区范围转换为路径,利用路径的功能对其进行精确的调整,可以制作出许多形状较为复杂的选区范围。

1. 将路径转换为选区

下面举例说明如何将一个路径转换为选区,方法如下。

STEP 1 打开一张图片,在图中创建路径,如图 8-34 所示。

STEP 2 单击 "路径"调板右上角的三角形按钮,打开 "路径"调板菜单并选择其中的 "建立选区"命令。

STEP 3 弹出的 "建立选区"对话框,如图 8-35 所示,"羽化半径"设为 0 像素,选中 "消除锯齿"复选框,然后单击 "确定"按钮,路径就被转换为选区,如图 8-36 所示。

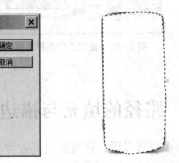

图 8-34 创建路径   图 8-35 建立选区对话框   图 8-36 路径转选区

提示：

"建立选区"对话框中的"羽化半径"数值可以控制选区范围转换后的边缘羽化程度，变化范围为 0～250 像素。若选中"消除锯齿"复选框，则转换后的选区范围具有消除锯齿的功能。

2. 将选区转为路径

由于路径可以进行编辑，因此当选区范围不够精确时，可以通过将选区范围转换为路径进行调整。将选区转换成路径，可进行如下操作。

STEP 1 打开一幅图像，并选取一个范围，如图 8-37 所示。

STEP 2 选择"路径"调板菜单中的"建立工作路径"命令，如图 8-38 所示。另外，也可单击"路径"调板中的"将选区转换为路径"按钮，直接将当前选区范围转换为路径，省去第（3）的操作。

图 8-37　选取范围

图 8-38　建立工作路径

STEP 3 弹出"建立工作路径"对话框，如图 8-39 所示，"容差"数值框用于控制转换后的路径平滑度，变化范围为 0.5～13.0 像素，该值越小所产生的锚点就越多，线条越平滑，设置完成后单击"确定"按钮，选取范围即可转换为路径如图 8-40 所示。

图 8-39　建立工作路径容差

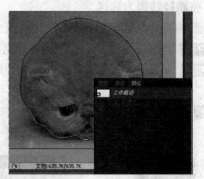

图 8-40　建立工作路径

8.6　路径的填充与描边

路径创建以后，还可以对其进行填充和描边的操作。

1. 填充路径

填充路径是指使用指定的颜色、图像的状态、图案或填充层等进行填充，具体方法如下。

STEP 1 打开要进行填充的路径，选择"路径"调板菜单中的"填充路径"命令，如图 8-41 所示。

STEP 2 弹出"填充路径"对话框，如图 8-42 所示。在"使用"下拉列表框中设置填充内容；在"模式"下拉列表框中设置填充的混合模式；"不透明度"数值框用来调整填充的不透明度，百分比越小，透明度越高；"羽化半径"数值框用于定义羽化边缘在选区内部和外部的伸展距离；"消除锯齿"复选框用于控制选区边缘像素与周围像素之间的精细程度。

STEP 3 完成设置后，单击"好"按钮，最后按 Ctrl+Shift+H 组合键隐藏路径，可得到图 8-43 所示的图像效果。

图 8-41　填充路径命令

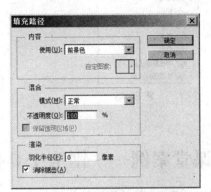

图 8-42　填充路径对话框

提示：

单击"路径"调板上的"用前景色填充路径"按钮，可以直接进行填充，其填充的各选项设置与上一次使用"填充路径"对话框的设置相同。此外，路径必须在普通图层中，如果在形状图层中，则不能填充路径。

2. 描边路径

在图像中创建路径，如图 8-44 所示。单击鼠标右键，在弹出的菜单中选择"描边路径"，弹出描边路径的对话框，如图 8-45 所示，在对话框中可以选择 19 种工具进行描边，选择"画笔"，即可以当前画笔的形状和大小进行描边，效果如图 8-46 所示。

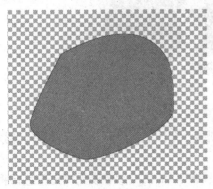

图 8-43　填充后的效果

图 8-44

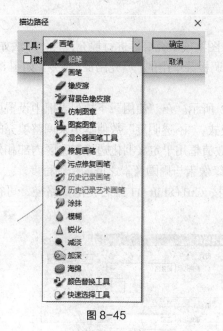

图 8-45

图 8-46

8.7 课堂案例——钢笔工具抠图

本案例主要是学习使用钢笔工具抠图，如图 8-47 所示。

图 8-47

具体步骤如下。

STEP 1 先打开一个图如下图 8-48 所示，复制多一个图层，隐藏背景层或删除背景层，准备将图片里的人物抠出来。

STEP 2 在工具箱中选择钢笔工具，在钢笔工具属性栏的填充颜色设无填充颜色，将图片放大，从人物边缘落笔，如图 8-49 所示。

图 8-49　钢笔抠图落笔

STEP 3　继续使用钢笔工具沿人物边缘描，最后完成如图 8-50 所示。

STEP 4　将鼠标移到路径上击右键，弹出如下图菜单，选择"建立选区"，弹出对话框单击"确定"，得到如下图 8-51 所示。

STEP 5　按 Ctrl+Shift+I 组合键反选，按 Delete 删除背景，得到结果图如图 8-52 所示。

图 8-50　钢笔勾图

图 8-51　路径转选区

图 8-52　删除背景

8.8　课堂案例——设计制作促销广告字体

　　本案例通过设计制作促销广告字体学习路径工具的使用及路径的相关操作，效果如图 8-53 所示。

第 8 章　路径的操作

图 8-53　制作广告

操作步骤如下。

STEP 1 新建文件大小为 960×500 像素，分辨率为 72dpi。

STEP 2 选择文字工具，设置字体为微软雅黑，字体大小为 72 点，水平缩放 120%，字体颜色为红色，录入文本，如图 8-54 所示。

STEP 3 使用魔棒工具选中所有的红色文字部分，在"路径"面板中，单击从选区生成工作路径 按钮，生成文字路径，如图 8-55 所示。

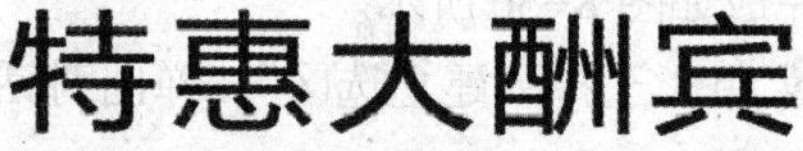

特惠大酬宾　　　　　特惠大酬宾

图 8-54　录入文字 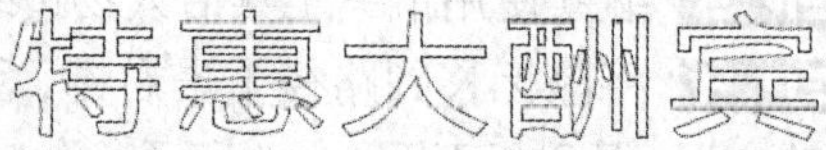　　　　　　　　　　图 8-55　生成文字路径

STEP 4 选中直接选择工具，框选文字部分，如图 8-56 所示，将选中的路径部分移动位置，如图 8-57 所示。使用以上方法调整文字路径的结构，最终效果如图 8-58 所示。

特惠大

图 8-56　框选文字

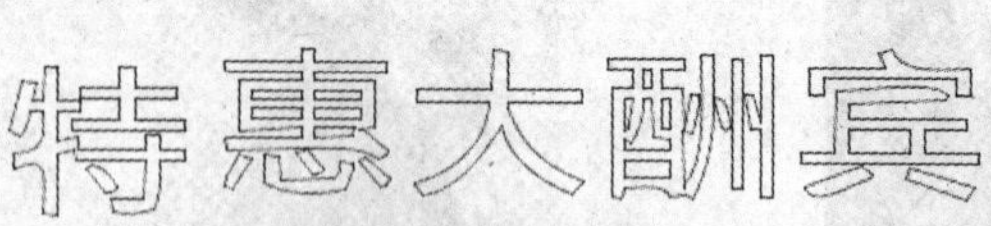

特惠大酬宾　　　特惠大酬宾

图 8-57　移动路径 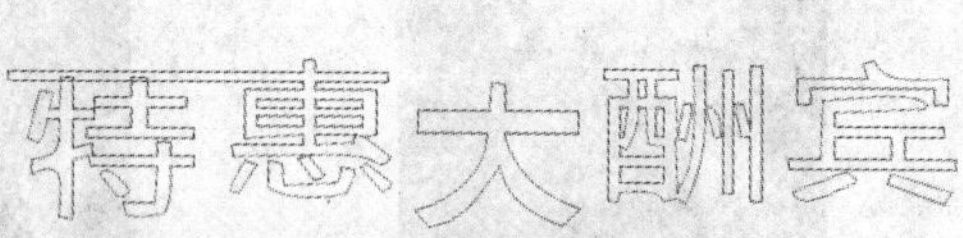　　　　　　　　　　图 8-58　调整后效果

STEP 5 新建图层，选中工作路径，按 Ctrl+Enter 组合键，将路径转换为选区，在选区内填充红色，如图 8-59 所示。

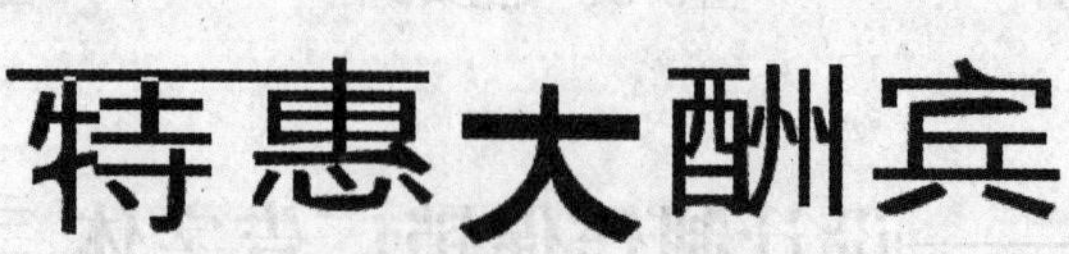

图 8-59　填充红色

STEP 6 选择钢笔工具，绘制工作路径，如图 8-60 所示。设置前景色为红色，单击使用前景色填充路径，效果如图 8-61 所示。

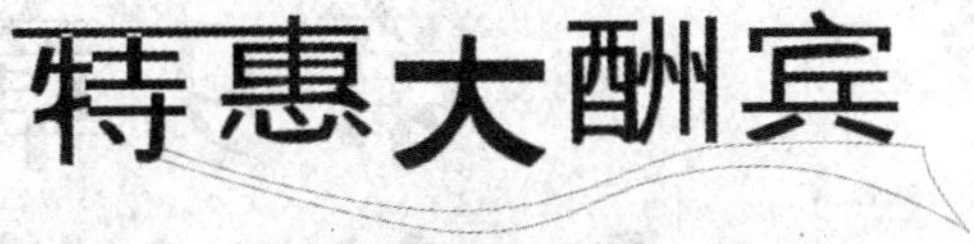

图 8-60　前景色填充路径 　　　　　　　图 8-61　填充后效果

STEP 7 选择多边形工具，绘制五角星，如图 8-62 所示。

STEP 8 选择钢笔工具绘制路径，如图 8-63 所示，填充路径后效果如图 8-64 所示。使用同样的方法绘制其他的线条，最终的效果如图 8-65 所示。

图 8-62　绘制五角星

图 8-63　钢笔绘制路径

图 8-64　填充路径　　　　　　　图 8-65　最终效果

- 课后习题 1　利用钢笔工具将图片人物抠出来，如图 8-66 所示。
- 课后习题 2　利用路径工具设计促销字体，如图 8-67 所示。

图 8-66　抠像原图

图 8-67　设计字体

PART 9

第 9 章
色彩调整

本章主要讲解图像色彩调整的相关知识，能够对图像进行明暗对比度的灵活调节和图像颜色的灵活改变。

学习目标

- 了解颜色的基本属性
- 掌握颜色模式的转换
- 掌握常用的图像色彩调整命令

9.1 颜色的基本概念

颜色可以产生对比效果，使图像显得更加绚丽，同时激发人的情感和想象。正确地运用颜色能使黯淡的图像明亮，使毫无生气的图像充满活力。

9.1.1 颜色的基本属性

构成色彩的基本要素是色相、亮度和饱和度。

1.色相

每种颜色的固有颜色相貌叫作色相，色相是一种颜色区别于另外一种颜色的最显著特征。在通常的使用中，颜色的名称是根据色相来决定的，如红色、黄色、蓝色、绿色。颜色体系中最基本的色相为红、橙、黄、绿、青、蓝、紫，将这些颜色相互混合可以产生许多颜色。

颜色是按色轮关系排列的，色轮是表示最基本色相关系的色表，如图 9-1 所示。色轮上 90 度角内的几种色彩成为相近色，90 度角以外的色彩成为对比色。色轮上相对位置的颜色成为互补色，蓝色与黄色为互补色。同一张图像在不同色相下的效果对比如图 9-2 所示。

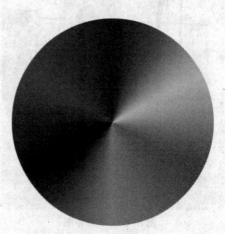

图 9-1 色轮

图 9-2　不同色相效果图

2. 饱和度

饱和度是指颜色的强度或纯度，饱和度表示色相中颜色本身色素分量所占的比例。在色轮上，饱和度从中心到边缘递增，当颜色的饱和度为 0% 时，就会变成一个灰色的图像。颜色的饱和度越高，鲜艳的程度就越高；反之，颜色则因包含其他颜色而显得陈旧或混浊。同一张图像在不同饱和度下的效果对比如图 9-3 所示。

图 9-3　不同饱和度效果图

3. 明度

明度是指颜色明暗的程度。在各种颜色中，明度最高的是白色，明度最低的是黑色。同一张图像在不同明度下的效果对比如图 9-4 所示。

图 9-4　不同明度效果图

9.1.2　图像的色彩模式

常用的色彩模式有 RGB 模式和 CMYK 模式。另外，还有索引模式、灰度模式、位图模式、双色调模式、多通道模式和 Lab 模式等。

1. CMYK 颜色模式

CMYK 也称作印刷色彩模式，顾名思义就是用来印刷的。CMYK 代表了印刷上用的 4 种油墨色，即青、洋红（品红）、黄、黑 4 种色彩。

CMYK 颜色模式在印刷时应用了色彩学中的减色混合原理，即减色色彩模式，它是图片最常用的一种印刷方式。因为在印刷中通常都要进行四色分色，出四色胶片，然后再进行印刷。

如果要将图像的色彩模式转换为 CMYK 颜色模式，选择"图像"|"模式"|"CMYK 颜色"命令即可。

2. RGB 颜色模式

RGB 颜色模式是工业界的一种颜色标准，是通过对红（R）、绿（G）、蓝（B）3 个颜色通道的变化及它们相互之间的叠加来得到各式各样的颜色的，RGB 即是代表红、绿、蓝 3 个通道的颜色，这个标准几乎包括了人类视力所能感知的所有颜色，是目前运用最广的颜色系统之一。

在 RGB 颜色模式中，3 种颜色组件各具有 256 个亮度级，用 0~255 整数值来表示，3 种颜色叠加就能生成 1600 多万种色彩。

如果要将图像的色彩模式转换为 RGB 颜色模式，选择"图像"|"模式"|"RGB 颜色"命令即可。

3. 灰度模式

灰度模式，灰度图又叫 8 位深度图。每个像素用 8 个二进制位表示，能产生 256 级灰色调。当一个彩色文件被转换成灰度模式文件时，所有的颜色信息都将从文件中丢失，只留下亮度。

像黑白照片一样，一个灰度模式的图像只有明暗值，没有色相和饱和度这两种颜色信息。

选择"图像"|"模式"|"灰度"命令，可以将图像的颜色模式转换为灰度模式。

4. 位图模式

位图模式就是只有黑色与白色两种像素组成的图像模式。每一个像素用"位"来表示，"位"只有两种状态：0 表示有点，1 表示无点。位图模式主要用于早期不能识别颜色和灰度的设备，如果需要表示灰度，则需要通过点的抖动来模拟。

如果将彩色图像模式转换为位图模式，必须先将图像转换为灰度模式，再转换为位图模式。

5. Lab 颜色模式

Lab 颜色模式的色域最广，是唯一不依赖于设备的颜色模式。Lab 颜色模式的亮度分量 L 的范围是 0~100，a 分量（绿色到红色轴）和 b 分量（蓝色到黄色轴）的范围是 −128~127。

Lab 图像可以存储在 Photoshop、EPS、PSB、Photoshop PDF、Photoshop Raw、TIFF 等格式文件中。

选择"图像"|"模式"|"Lab 颜色"命令，可以将图像的颜色模式转换为 Lab 颜色模式。

6. 索引颜色模式

"索引颜色"模式用最多 256 种颜色生成 8 位图像文件。将一副图片中最有代表性的若干种颜色（通常不超过 256 种），编制成颜色表。在表示图片中每一个点的颜色信息时，不直接使用这个点的颜色信息，而使用颜色表的索引。这样，要表示一幅 32 位真彩色的图片，使用索引颜色的图片只需要用不超过 8 位的颜色索引就可以表达同样的信息。

将图片转换为索引颜色模式，选择"图像"|"模式"|"索引颜色"命令即可。

8. 双色调模式

双色调模式用一种灰色油墨或彩色油墨来渲染一个灰度图像。双色调模式采用 1~4 种彩色油墨混合其色阶来创建双色调（2 种颜色）、三色调（3 种颜色）、四色调（4 种颜色）的图像，在将灰度图像转换为双色调模式的图像过程中，可以对色调进行编辑，产生特殊的效果。

9. 多通道模式

在多通道模式中，每个通道都使用 256 灰度。进行特殊打印时，多通道图像十分有用。一般包括 8 位通道与 16 位通道。下列情况适用于将图像转换为多通道模式。

原图像中的颜色通道在转换的图像中成为专色通道。

通过将 CMYK 图像转换为多通道模式，可以创建青色、洋红、黄色和黑色专色通道。

通过将 RGB 图像转换为多通道模式，可以创建青色、洋红和黄色专色通道。

通过从 RGB、CMYK 或 Lab 图像中删除一个通道，可以自动将图像转换为多通道模式。

若要输出多通道图像，以 Photoshop DCS 2.0 格式存储图像。

选择"图像"|"模式"|"多通道"命令，可以将图像的颜色模式转换为多通道模式。

9.2   色彩调整

有时候图片中会有一些瑕疵，如太亮、太暗或者有颜色偏差，这时就要进行色彩调整。Photoshop 提供了多种色彩和色调调整工具，其中，"图像"菜单的"调整"子菜单中的所有命令都是用来进行图像色彩和色调调整的。

9.2.1   色阶

"色阶"命令可以对图像的明暗对比度进行比较细致的调节，可增加明暗度对比度，也可降低明暗对比度。

选中一个图像，执行"图像"|"调整"|"色阶"命令，弹出的色阶对话框，对话框的中间有一个直方图，其横坐标为 0~255，表示亮度值，纵坐标为图像的像素数值，如图 9-5 所示。

- 通道：可以在下拉列表框中选择不同的通道进行调整。
- 输入色阶：用于控制图像的最暗和最亮色彩。
- 输出色阶：用于控制图像的亮度范围，输出色阶的调整将增加图像的灰度、降低图像的对比度。
- 吸管工具 🖊🖊🖊：3 个吸管工具分别是设置黑场、设置灰场和设置白场。选中"设置黑场"吸管工具，在图像中单击，单击点的像素会变为黑色，图像中的其他颜色也会相应地调整。用"设置灰场"吸管工具在图像中单击，单击点的像素都会变为灰色，图像中的其他颜色也会相应地调整。用"设置白场"吸管工具在图像中单击，单击点的像素都会变为白色，图像中的其他颜色也会相应地调整。

将"色阶"对话框中的滑块进行调整，如图 9-6 所示，调整前后的图像对比效果，如图 9-7 所示。

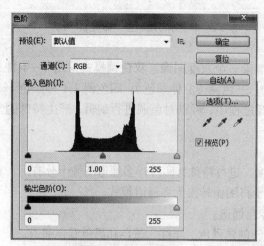

图 9-5　色阶对话框

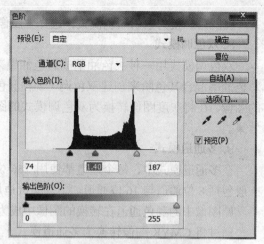

图 9-6　"色阶"对话框

图 9-7　调整前后对比

9.2.2　曲线

"曲线"命令可对图像的明暗对比度进行调节，不仅能对暗调、中间调和高光进行调节，还可对图像中任一灰阶值进行调节。

选中一个图像，执行"图像"|"调整"|"曲线"命令，可打开曲线对话框，如图 9-8 所示。

"曲线"对话框中的水平轴代表原图像的亮度值，垂直轴代表调整后的图像的颜色值。对于 RGB 颜色模式的图像，曲线将显示 0～255 的强度值，暗调位于左边。

- 预设：可在其下拉列表中选择存储的色彩调整方式。
- 显示数量：对于 RGB 颜色的图像，单击"光"单选按钮后，曲线显示 0～255 的强度值，暗调位于左边；对于 CMYK 颜色的图像，单击"颜料/油墨"单选按钮后，曲线显示 0～100 的百分数，高光位于左边。
- 显示：用于设置预览窗口中是否显示通道叠加、基线、直方图或交叉线。

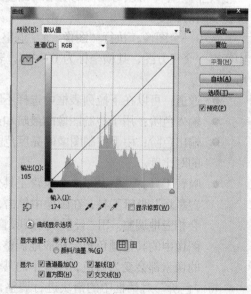

图 9-8　曲线对话框

对于曝光不足而色调偏暗的 RGB 颜色图像，可以将曲线调整至上凸的形态，使图像各色调区按比例减暗，从而使图像的色调变得更加饱和，如图 9-9 所示。

图 9-9 曲线上凸

对于因曝光过度而色调高亮的 RGB 颜色图像，可以将曲线调整至下凹的形态，使图像变暗，如图 9-10 所示。

图 9-10 曲线下凹

9.2.3 亮度/对比度

"亮度/对比度"命令仅针对图像中的明暗和对比度进行调整，而不能分通道进行调节，单击"图像"|"调整"|"亮度/对比度"命令，可以打开"亮度/对比度"对话框，如图 9-11 所示。

- 亮度：拖动滑块或者文本框中输入数字（范围为-150～150），以调整图像的明暗度。当数值为正时，增加图像亮度，反之，降低图像的亮度。
- 对比度：用于调整图像的对比度。当数值为正时，增加图像的对比度，反之，降低图像的对比度。

图 9-11 "亮度/对比度"对话框

调整图像亮度与对比度的效果如图 9-12 所示。

图 9-12 调整亮度/对比度

9.2.4 曝光度

"曝光度"命令可以在线性空间中调整图像的曝光数量、位移和灰度系数，进而改变当前颜色空间中图像的亮度和明度。单击"图像"|"调整"|"曝光度"命令，可以打开"曝光度"对话框，如图 9-13 所示。

- 曝光度：用于设置图像的曝光度，可通过增强或减弱光照强度使图像变亮或变暗。
- 位移：用于设置阴影和中间调的亮度，取值范围为-0.5~0.5。设置正值或用鼠标向右拖动滑块，可以使阴影和中间调变亮，此选项对高光区域的影响相对较轻。
- 灰度系数校正：可使用简单的乘方函数来设置图像的灰度系数。

调整图像的曝光度的效果如图 9-14 所示。

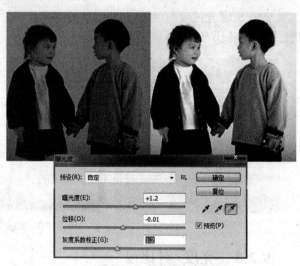

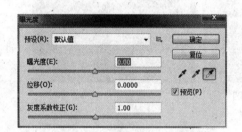

图 9-13　"曝光度"对话框　　　　　　　图 9-14　调整曝光度

9.2.5 色相/饱和度

"色相/饱和度"命令可以对整个图像、单一通道或选区范围中的图像进行色相、饱和度和明度的调整。

单击"图像"|"调整"|"色相/饱和度"命令，可以打开"色相/饱和度"对话框，如图 9-15 所示。

图 9-15　"色相/饱和度"对话框

色相：在数值框中输入数值或用鼠标拖动滑块，即可修改图像的色相。

饱和度：在数值框中输入负值或用鼠标向左拖动滑块，可以降低饱和度；输入正值或用鼠标向右拖动滑块，可以提高饱和度。

明度：用于调整图像的明暗度。

着色：勾选此复选框时，图像颜色即可变为前景色的色相，可用于灰度图像着色，效果如图 9-16 所示。

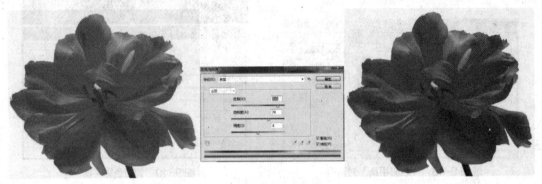

图 9-16　图像着色

用"色相/饱和度"命令将绿叶变枯叶，效果如图 9-17 所示。

图 9-17　绿叶变枯叶

9.2.6　色彩平衡

"色彩平衡"命令是通过改变图像中的颜色组成部分，来改变整个图像的色彩，主要用于对图像产生色偏时进行调节。

单击"图像"｜"调整"｜"色彩平衡"命令，可以打开"色彩平衡"对话框，如图 9-18 所示。

- 色彩平衡：通过调整其下方的"色阶"值或拖动下方的选项滑块，可以控制图像中的 3 种互补色的混合量，从而改变图像的色彩。
- 色调平衡：用于选择需要调整的色调范围，包括"阴影""中间调"和"高光"3 个选项。
- 保持明度：勾选此复选框后，调整图像色彩时，可以保持画面亮度不变。

原图像与调整色彩平衡后的效果如图 9-19 所示。

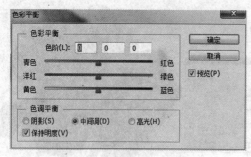

图 9-18 "色彩平衡"对话框

图 9-19 调整色彩平衡

9.2.7 替换颜色

使用"替换颜色"命令可替换图像中某区域的颜色。

单击"图像"|"调整"|"替换颜色"命令，可以打开"替换颜色"对话框，如图 9-20 所示。

图 9-20 "替换颜色"对话框

- 选区：用于设置"颜色容差"选项的数值，数值越大吸管工具取样的颜色范围越大。
- 替换：用色相、饱和度和明度调整选取区域的颜色。

用"颜色替换"命令修改花朵的颜色，效果如图 9-21 所示。

图 9-21　修改花朵颜色

9.2.8　可选颜色

"可选颜色"命令可以调整图像中的某一种颜色，从而影响图像的整体色彩。单击"图像"|"调整"|"可选颜色"命令，可以打开"可选颜色"对话框，如图 9-22 所示。

- 颜色：用于选择需要校正的颜色。
- CMYK 滑块：分别为青色、洋红、黄色和黑色，可以通过拖动滑块或在右端文本框中输入数值来改变各颜色的含量。
- 方法：包含"相对"和"绝对"两个单选项。选中"相对"后，设置的颜色将相对于原颜色的改变量，即在原颜色的基础上增加或减少每种印刷色的含量；选择"绝对"后，将直接将原颜色校正为设置的颜色。

用"替换颜色"命令将红色背景改为橙色，效果如图 9-23 所示。

图 9-22　"可选颜色"对话框

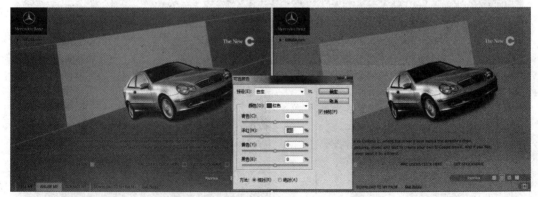

图 9-23　替换背景颜色

9.2.9　匹配颜色

"匹配颜色"命令用于对色调不同的图片进行调整，统一成一个协调的色调。单击"图像"|

"调整" | "匹配颜色"命令，可以打开"匹配颜色"对话框，如图 9-24 所示。

- 目标图像：用于显示要匹配颜色的图像文件的名称、格式和颜色模式等。CMYK 颜色模式的图像无法进行颜色匹配。

- 应用调整时忽略选区：当目标图像中有选区时，用于确定是仅在选区内应用匹配颜色，还是在整个图像内应用匹配颜色。

- 图像选项：其下的选项分别用于控制调整后的图像的亮度、颜色饱和度及颜色的渐隐量。

- 中和：勾选此复选框后，将自动移动目标图像中的色痕。

- 使用源选区计算颜色：当源图像中有选区时，勾选此复选框，将使用选区内的图像颜色来调整目标图像。

- 使用目标选区计算调整：当目标图像中有选区时，勾选此复选框，将使用源图像的颜色对选区内的图像进行调整。

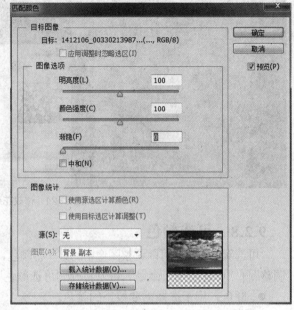

图 9-24 匹配颜色

- 源：可在其下拉列表中选择源图像。

使用"匹配颜色"命令调整图像的色调，效果图如图 9-25 所示，其中左上角的为源图像，右上角为目标图像，右下角为匹配颜色后的效果图像。

图 9-25 调整后效果图

9.2.10　反相

"反相"命令的作用是使图像颜色的相位相反,就是将通道中每个像素的亮度值都转为256级亮度值刻度上相反的值。单击"图像"|"调整"|"反相"命令,将图像的像素反转为其补色,如图9-26所示。

图9-26　反相

9.2.11　黑白

"黑白"命令可以快速将彩色图像转换为黑白或单色图像,同时保持对各颜色的控制。单击"图像"|"调整"|"黑白"命令,可以打开"黑白"对话框,如图9-27所示。

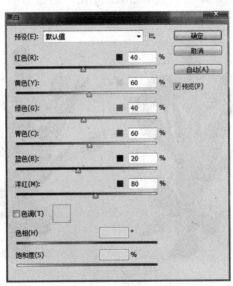

图9-27　"黑白"对话框

● 预设:用于选择系统预设的混合效果。
● 颜色:用于调整图像中特定颜色的色调,用鼠标拖动相应颜色下的滑块,可使图像所调整的颜色变暗或变亮。
● 色调:勾选此复选框后,可将彩色图像转换为单色图像。

使用"黑白"命令将图像调整为黑白图像,效果图如图9-28所示。

图 9-28 调整为"黑白"

9.2.12 去色

"去色"命令可以将图像的颜色去掉，变成灰度图像，但其颜色模式保持不变，只是每个像素的颜色被去掉，只留有明暗度。选中图层，单击"图像"|"调整"|"去色"命令，将图像去色，如图 9-29 所示。

图 9-29 去色

9.2.13 照片滤镜

"照片滤镜"命令模仿在相机镜头前加彩色滤镜，以便调整通过镜头传输光的色彩平衡和色温，使胶片曝光。在"照片滤镜"对话框中可以选择系统预设的一些标准滤光镜，也可以自己设定滤光镜的颜色。

单击"图像"|"调整"|"照片滤镜"命令，弹出"照片滤镜"的对话框，如图 9-30 所示。

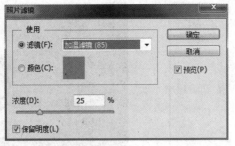

图 9-30 "照片滤镜"对话框

- 滤镜:可在右侧下拉列表中选择用于滤色的滤镜。
- 颜色:选择此单选按钮并单击右侧的色块,可在弹出的"拾色器"对话框中任意设置一种颜色作为滤镜颜色。
- 浓度:用于控制滤镜颜色应用于图像的数量。数值越大,产生的效果越明显。
- 保留亮度:勾选此项后,添加滤镜后的图像仍可保持原来的亮度。

原图像与添加照片滤镜后的效果如图 9-31 所示。

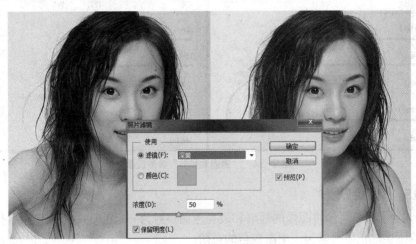

图 9-31 滤镜前后效果对比

9.2.14 通道混合器

"通道混合器"命令可以创造性地调整颜色,也可以利用颜色通道创建高质量的灰度图像。在输出通道中可以选择当前图像文件颜色模式下的任意一个通道,然后对其进行调整,通道混合器可以直观地对某个通道进行调整。

单击"图像"|"调整"|"通道混合器"命令,弹出"通道混合器"的对话框,如图 9-32 所示。

- 输出通道:在下来列表中可以选择要进行调整作为最后输出的颜色通道。
- 源通道:含有图像原始的几种颜色通道,如 RGB 颜色模式就含有 R、G、B 3 个通道。通过拖动滑块或输入数值来改变该通道颜色对输出通道的影响,如果输入负值,则是先将原通道反相,再混合到输出通道上。
- 常数:可以将一个不透明的通道添加到输出通道,负值为黑色,正值为白色通道。
- 单色:该选项可以将相同的设置应用于所有输出通道,创建只包含灰色值的彩色图像。

用"通道混合器"将偏黄色的图像调整至正常,效果如图 9-33 所示,参数设置如图 9-34 所示。

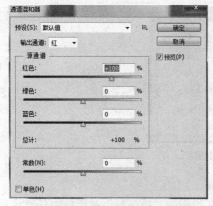

图 9-32　"通道混和器"对话框　　　　　图 9-33　调整偏黄的图像

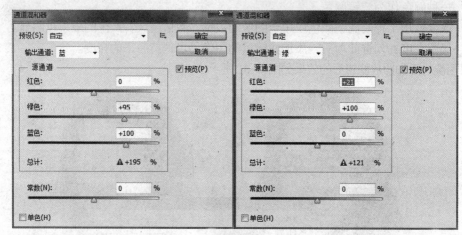

图 9-34　"通道混和器"参数设置

9.2.15　渐变映射

"渐变映射"命令可以将图像的最暗和最亮色调映射为一组渐变中的最暗和最亮色调。它的作用是将图像的色阶映射为一组渐变色的色阶。

选中图层，单击"图像"|"调整"|"渐变映射"命令，弹出"渐变映射"的对话框，选择采用的渐变，调整前后的对比图如图 9-35 所示。

图 9-35　"渐变映射"对话框

9.2.16　色调均化

"色调均化"命令可以调整图像或选区像素的过黑部分，使图像变明亮，并将图像中其他的像素平均分配在亮度色谱中。"色调均化"可重新映射符合图像中的像素值，使最亮的值呈现白色，最暗的值呈现为黑色，而中间的值则均匀地分布在整个灰度中。

选中图层，单击"图像"|"调整"|"色调均化"命令，调整前后的效果如图9-36所示。

图9-36　色调均化调整

9.2.17　阈值

"阈值"命令的作用是将图像转变为黑白两阶调的图像。单击"图像"|"调整"|"阈值"命令，弹出"阈值"的对话框，在对话框中设置一个适当的"阈值色阶"值，即可把图像中所有比阈值色阶亮的像素转换为白色，所有比阈值色阶暗的像素转换为黑色，调整前后的对比图如图9-37所示。

图9-37　阈值调整

9.2.18　色调分离

"色调分离"命令可以减少图像内的色阶，使图像色调分离。单击"图像"|"调整"|"色调分离"命令，弹出"色调分离"的对话框，在"色阶"数值框中设置一个适当的数值，可以指定图像中每个颜色通道的色调级或亮度值数目，并将像素映射为与之最接近的一种色调，从而使图像产生各种特殊的色彩效果。原图与色调分离后的效果如图9-38所示。

图9-38　色调分离调整

9.2.19 变化

"变化"命令以可视化的窗口对图像或选区进行色彩平衡、饱和度和对比度等调整。该命令主要用于不需要精确色彩调整的平均色调图像，但它不能用于索引颜色图像。

单击"图像"|"调整"|"变化"命令，弹出"变化"的对话框，可在对话框中单击各个缩略图来加深某一种颜色，从而调整图像的整体色彩。原图像与调整后的效果如图 9-39 所示。

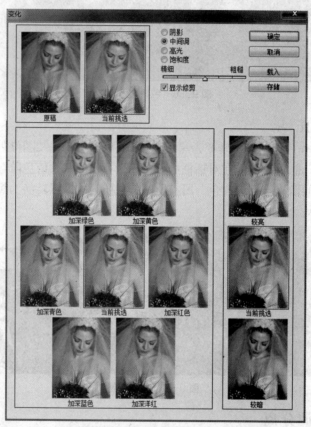

图 9-39 "变化"调整

9.2.20 阴影/高光

"阴影/高光"命令可以快速改善图像中曝光过度或曝光不足区域的对比度，同时保持图像的整体平衡。

单击"图像"|"调整"|"阴影/高光"命令，弹出"阴影/高光"的对话框，如图 9-40 所示。

● 数量：用于设置图像亮度的校正量。数值越大，图像变亮或变暗的效果越明显。

用"阴影/高光"命令调整图像的前后对照图如图 9-41 所示。

图 9-40 "阴影/亮光"对话框

图 9-41 阴影/高光调整

9.2.21 HDR 色调

"HDR 色调"命令可以将全范围的 HDR 对比度和曝光度设置应用于各个图像。单击"图像"|"调整"|"HDR 色调"命令，弹出"HDR 色调"的对话框，设置相应的参数，调整 HDR 色调前后的对比图如图 9-42 所示。

图 9-42 HDR 色调调整

- 预设：可以选择一种预设，对图像进行调整。
- 方法：用于设置调整色调的方法。

- 边缘光："半径"用于指定局部亮度区域的大小；"强度"用于指定两个像素的色调值相差多大时，它们将属于不同的亮度区域。
- 色调和细节：将"灰度系数"设置为1时，动态范围最大，较低的设置会加重中间调，而较高的设置会加重高光和阴影；"曝光度"值可反映光圈大小；拖动"细节"滑块可以调整锐化程度，拖动"阴影"和"高光"滑块可以使这些区域变亮或变暗。
- 颜色："自然饱和度"可调整细微的颜色强度，同时，尽量不剪切高度饱和的颜色。"饱和度"可调整从 -100 ~ 100 的所有颜色的强度。

9.3 课堂案例——改变季节

本案例通过改变叶子颜色来表现季节的更替，颜色调整前后对照图如图 9-43 所示。

图 9-43 改变季节

具体操作步骤如下。

STEP 1 打开素材文件。

STEP 2 单击"图像"|"调整"|"色相/饱和度"命令，弹出"色相/饱和度"对话框，选择"黄色"，调整色相和饱和度参数，如图 9-44 所示。单击"确定"，可将图中黄色调整为绿色，如图 9-45 所示。

图 9-44 "色相/饱和度"对话框

图 9-45 图中黄色调整为绿色

STEP 3 单击"图像"|"调整"|"色相/饱和度"命令，弹出"色相/饱和度"对话框，选择"红色"，调整色相和饱和度参数，如图 9-46 所示。单击"确定"，可将图中红色调整为绿色，如图 9-47 所示。

图 9-46　调整色相饱和度

图 9-47　图中红色调整为绿色

9.4　课堂案例——调整图像色调

本案例通过改变图像的对比度、曝光度和阴影/高光来改变图像的色调，调整前后对照图如图 9-48 所示。

图 9-48　改变季节

具体操作步骤如下。

STEP 1 打开素材文件。

STEP 2 单击"图像"|"调整"|"自动对比度"命令，效果如图 9-49 所示。

STEP 3 单击"图像"|"调整"|"曝光度"命令，在弹出的对话框中改变相应的参数，如图 9-50 所示，更改后的效果如图 9-51 所示。

图 9-49　自动对比度调整

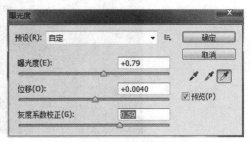

图 9-50　"曝光度"对话框

STEP 4 单击"图像"|"调整"|"阴影/高光"命令，在弹出的对话框中改变相应的参数，如图 9-52 所示，最终的效果如图 9-53 所示。

图 9-51　更改曝光度后效果

图 9-52　"阴影/高光"对话框

图 9-53　最终效果

● 课后习题 1　给黑白照片上色，前后对照图如图 9-54 所示。

图 9-54　黑白照片上色

● 课后习题 2　利用反相命令制作底片效果，效果图如图 9-55 所示。

图 9-55　制作底片效果

● 课后习题 3　利用给定图像制作双胞胎效果，效果图如图 9-56 所示。

图 9-56　制作双胞胎效果

PART 10

第 10 章
图层的应用

本章主要介绍矢量蒙版、剪贴蒙版、图层蒙版、图层样式、图层混合模式的
使用。

学习目标

- 掌握使用矢量蒙版
- 掌握使用剪贴蒙版
- 掌握使用图层蒙版
- 掌握使用图层样式
- 掌握图层混合模式

10.1 蒙版

蒙版分为矢量蒙版、剪贴蒙版、图层蒙版，其中图层蒙版是应用最多的一种蒙版。

10.1.1 矢量蒙版

创建矢量蒙版的基本步骤如下。

- 在图像窗口中使用钢笔或多边形工具绘制一条路径。
- 选择"添加锚点""删除锚点""直接选择"工具可以修改路径的形状。
- 选中需要的图层（如婚纱 1 照片所在的图层），执行"图层"｜"矢量蒙版"｜"当前路径"命令，为该图层添加矢量蒙版，或按 Ctrl+图层底部的图层蒙版按钮，也可创建矢量蒙版。

10.1.2 课堂案例——利用矢量蒙版制作相片模板

本案例通过制作婚纱相片介绍矢量蒙版的使用，效果如图 10-1 所示。

操作步骤如下。

STEP 1 启动 Photoshop 软件，打开素材文件"婚纱模板.jpg"，如图 10-2 所示。

STEP 2 选择自定形状工具，在选项栏中设置路径，在形状里选择心形形状，如图 10-3 所示。

图 10-1　矢量蒙版效果图

图 10-2　婚纱模板

图 10-3　形状工具的选项栏

STEP 3　在窗口中绘制一个合适大小的心形路径。打开路径面板，双击"工作路径"名称，打开存储路径对话框，将工作路径重命名为"路径 1"，如图 10-4 所示。

STEP 4　选择删除锚点工具，删除该心形路径的左下角，右下角 2 个锚点。选择直接选择工具，改变顶部锚点的 2 条方向线的角度和长度，使得整个心形圆润一些，如图 10-5 所示。

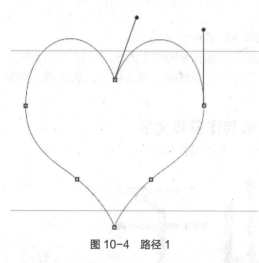

图 10-4　路径 1

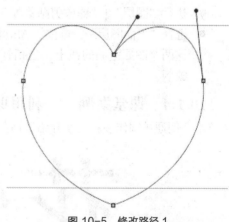

图 10-5　修改路径 1

STEP 5　打开婚纱 1.jpg 素材，并移入到素材模板.jpg 文件里面，将该图层重命名为"婚纱1"。选择"婚纱 1"图层，按 Ctrl+T 组合键适当改变该图片的大小和位置。

STEP 6　选中"婚纱 1"图层，选中路径面板里的"路径 1"，执行"图层"|"矢量蒙版"|"当前路径"命令，效果如图 10-6 所示。

STEP 7　打开路径面板，选中路径 1，单击右键，选择"复制路径"命令，复制出来的路径名称改为"路径 2"，使用工具箱的路径选择工具，将路径 2 移动到右侧的合适位置，并按Ctrl+T 将该路径缩小到 45%，如图 10-7 所示。

STEP 8　同理，打开婚纱 2，使用路径 2 为婚纱 2 制作矢量蒙版。婚纱 3 也同样方法制作。

图 10-6 婚纱 1 的矢量蒙版

图 10-7 婚纱 2 的矢量蒙版

10.1.3 剪贴蒙版

剪贴蒙版由 2 个图层组成，即基底图层（下面图层）和内容层（上面图层）。内容层只显示基底图层中有像素的部分，其他部分隐藏。剪贴蒙版的表现形式：在 Photoshop CS6 中基底图层名称带有下划线，上面图层的缩略图（也就是内容层）是缩进的且在左侧显示有剪贴蒙版图标 。

选中上面的内容图层后，确保下面图层有形状等图形，创建剪贴蒙版有以下几个方法。

● 执行菜单"图层"|"创建剪贴蒙版"命令，或按 Alt+Ctrl+G 组合键。

● 按住 Alt 键的同时，将鼠标放置到两个图层的中间位置，单击鼠标，即可制作图层的剪贴蒙版。

取消剪贴蒙版的方法如下。

● 执行"图层"|"释放剪贴蒙版"命令或按 Alt+Ctrl+G 组合键。

● 选择"上面图层"，再按住 Alt 键，将鼠标指针放在分隔"上面图层"和"下面图层"这两个图层之间的线上，当指针变成"正方形"图标时，单击鼠标，即可取消剪贴蒙版。

10.1.4 课堂案例——利用剪贴蒙版制作多彩文字

本案例通过制作多彩文字介绍剪贴蒙版的使用，效果图如图 10-8 所示。

花仙子

图 10-8 剪贴蒙版效果图

（1）启动 Photoshop 软件，新建一个文件，文件名称为"花仙子"，文件宽为 500 像素，高为 350 像素，分辨率为 96dpi。选择"横排文字工具"在 Photoshop CS6 图像窗口中输入文字（花仙子），字体设置为黑体，将该文字图层命名为"花仙子文字"，文字效果如图 10-9 所示。

（2）按 Ctrl+O 组合键打开一幅花素材图像文件，如图 10-10 所示。使用"移动工具"将花图像移入到"花仙子"文件的图像窗口，将该图层命名为"花素材"，图层顺序从上到下依次为：花素材、花仙子文字。

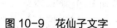

图 10-9 花仙子文字

图 10-10 花素材

（3）选中"花素材"图层，执行"图层"|"创建剪贴蒙版"命令。或在"花素材"图层单击右键，选择"创建剪贴蒙版命令"，或按 Alt+Ctrl+G 组合键，效果如图 10-8 所示。

10.1.5 图层蒙版及其操作

图层蒙版可以理解为在当前图层上面覆盖一层玻璃片，这种玻璃片有透明的和黑色不透明两种，前者显示全部，后者隐藏部分。然后用各种绘图工具在蒙版上（即玻璃片上）涂色（只能涂黑白灰色），蒙版涂黑色的地方当前图层图像变为透明，看不见当前图层的图像，蒙版涂白色的地方当前图层图像变为不透明，蒙版涂灰色的地方当前图层图像变为半透明，透明的程度由涂色的深浅决定。

图层蒙版可以用来在图层与图层之间创建无缝的合成图像，并且不会破坏图层中图像。

1.创建图层蒙版

在实际应用中往往需要在图像中创建不同的图层蒙版，在创建图层蒙版的过程中可以分为整体蒙版和选区蒙版。下面就为大家介绍一下各种图层蒙版的创建方法。

（1）选择图层后，执行"图层"|"图层蒙版"|"显示全部"命令或"图层"|"图层蒙版"|"隐藏全部"命令，选择"显示全部"可以显示图层中的所有内容，通过在图层蒙版中涂抹黑色来隐藏内容，选择"隐藏全部"可以隐藏图层中的所有内容，通过在图层蒙版中涂抹白色来显示内容。

（2）选择图层后，在图层面板的下方选择添加图层蒙版按钮 ▣ 。

2.删除与应用图层蒙版

创建蒙版后，执行"图层"|"蒙版"|"删除"命令，即可将当前应用的蒙版效果从图层中删除，图像恢复原来效果；执行"图层"|"蒙版"|"应用"命令，可以将当前应用的蒙版效果直接与图像合并。

3.启用与停用图层蒙版

停用图层蒙版的方法如下。

（1）创建蒙版后，执行菜单"图层"|"蒙版"|"停用"命令。此时在蒙版缩略图上会出现一个红叉表示此蒙版应用被停用。

（2）在蒙版缩略图上单击右键，在弹出的菜单中选择"停用图层蒙版"，如图 10-11 所示。

图 10-11　停用蒙版

启用图层蒙版的方法如下。

（1）执行菜单"图层"｜"蒙版"｜"启用"命令。即可重新启用蒙版效果。

（2）在蒙版缩略图上单击右键，在弹出的菜单中选择"启用图层蒙版"。

10.1.6　课堂案例——制作节日广告

通过制作妇女节广告介绍图层蒙版的使用，效果如图 10-12 所示。

操作步骤如下。

STEP 1 启动 Photoshop 软件，按 Ctrl+N 组合键，新建一个宽为 550 像素，高为 400 像素，分辨率为 72dpi 的文件。

STEP 2 设置前景色为白色，背景色为 RGB（250，130，200），选择渐变工具，设置渐变方式为径向渐变，设置渐变名称为前景色到背景色，从窗口中间往四周拉出一个白色到粉色的径向渐变，如图 10-13 所示。

图 10-12　妇女节效果图

图 10-13　白色到粉色的径向渐变

STEP 3 新建一个图层命名为"大白椭圆"，使用椭圆选框工具在图像工作区中绘制一个大椭圆选框，设置前景色为白色，按 Alt+Delete 组合键填充前景色，如图 10-14 所示。

STEP 4 选择"大白椭圆"图层，单击图层面板底部的添加图层蒙版按钮，为图层添加白色蒙版。

STEP 5 单击选择"大白椭圆"图层的蒙版缩略图，选择画笔工具，在"画笔预设"中选择"柔角"画笔，设置画笔大小为 400 像素，硬度为 0%，模式为"正常"。不透明度和流量为 100%。设置前景色为黑色，利用预设好的画笔在图像中涂抹，隐藏椭圆多余的地方，只剩下椭圆的上边缘，效果如图 10-15 所示。

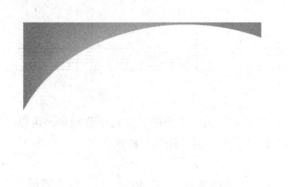

图 10-14　大白椭圆　　　　　　　　　　　　　　　图 10-15　白色蒙版

STEP 6 新建一个图层命名为"小白椭圆"图层，使用椭圆选框工具在图像工作区中绘制一垂直的长条形小椭圆选框，设置前景色为白色，按 Alt+Delete 组合键填充前景色。保留选区，效果如图 10-16 所示。

STEP 7 选择"小白椭圆"图层，执行"选择"|"修改"|"收缩"，设置收缩 3 个像素，执行"选择"|"修改"|"羽化"，设置羽化 8 个像素。按键盘 Delete 键删除收缩羽化后的小椭圆，取消选区，效果如图 10-17 所示。

图 10-16　白色椭圆　　　　　　　　　　　图 10-17　收缩羽化并删除的虚椭圆

STEP 8 选择"小白椭圆"图层，将刚才制作的小椭圆按 Ctrl+T 组合键，将旋转中心移到小椭圆的下边缘上。设置旋转角度为 12 度。

STEP 9 按 Ctrl+Shift+Alt+T 组合键，旋转复制出一共 15 个小椭圆，效果如图 10-18 所示。

STEP 10 将文字和美女素材移入进去，效果如图 10-19 所示。

图 10-18　15 个小椭圆　　　　　　　　　　图 10-19　图片效果

10.2　图层样式

10.2.1　图层样式的基本操作

图层样式是应用于一个图层或图层组的一种或多种效果。应用图层样式十分简单，可以为包括普通图层、文本图层和形状图层在内的任何种类的图层应用图层样式。

图层样式的2种使用方法如下。

（1）应用样式面板里的某一种预设样式。执行"窗口"|"样式"命令，打开样式面板，绘制图形后，直接单击样式面板中的任意一种样式按钮，图像即可获得相应按钮具有的图层样式。

（2）应用自定义样式。执行"图层"|"图层样式"|"混合选项"，打开图层样式对话框来创建自定义样式。

下面具体来介绍各样式命令。

（1）投影：将为图层上的对象、文本或形状后面添加阴影效果。投影参数由"混合模式""不透明度""角度""距离""扩展"和"大小"等各种选项组成。

（2）内阴影：将在对象、文本或形状的内边缘添加阴影，让图层产生一种凹陷外观，内阴影效果对文本对象效果更佳。

（3）外发光：将从图层对象、文本或形状的边缘向外添加发光效果。设置参数可以让对象、文本或形状更精美。

（4）内发光：将从图层对象、文本或形状的边缘向内添加发光效果。

（5）斜面和浮雕："样式"下拉菜单将为图层添加高亮显示和阴影的各种组合效果。

"斜面和浮雕"对话框样式参数解释如下。

① 外斜面：沿对象、文本或形状的外边缘创建三维斜面。

② 内斜面：沿对象、文本或形状的内边缘创建三维斜面。

③ 浮雕效果：创建外斜面和内斜面的组合效果。

④ 枕状浮雕：创建内斜面的反相效果，其中对象、文本或形状看起来下沉。

⑤ 描边浮雕：只适用于描边对象，即在应用描边浮雕效果时才打开描边效果。

（6）光泽：将对图层对象内部应用阴影，与对象的形状互相作用，通常创建规则波浪形状，产生光滑的磨光及金属效果。

（7）颜色叠加：将在图层对象上叠加一种颜色，即用一层纯色填充到应用样式的对象上。从"设置叠加颜色"选项可以通过"选取叠加颜色"对话框选择任意颜色。

（8）渐变叠加：将在图层对象上叠加一种渐变颜色，即用一层渐变颜色填充到应用样式的对象上。通过"渐变编辑器"还可以选择使用其他的渐变颜色。

（9）图案叠加：将在图层对象上叠加图案，即用一致的重复图案填充对象。从"图案拾色器"还可以选择其他的图案。

（10）描边：使用颜色、渐变颜色或图案描绘当前图层上的对象、文本或形状的轮廓，对于边缘清晰的形状（如文本），这种效果尤其有用。

下面具体介绍各样式命令所需要用到的参数。

（1）混合模式：不同混合模式选项。

（2）色彩样本：有助于修改阴影、发光和斜面等的颜色。

（3）不透明度：减小其值将产生透明效果（0=透明，100=不透明）。

（4）角度：控制光源的方向。

（5）使用全局光：可以修改对象的阴影、发光和斜面角度。

（6）距离：确定对象和效果之间的距离。

（7）扩展|内缩："扩展"主要用于"投影"和"外发光"样式，从对象的边缘向外扩展效果；"内缩"常用于"内阴影"和"内发光"样式，从对象的边缘向内收缩效果。

（8）大小：确定效果影响的程度，以及从对象的边缘收缩的程度。

（9）消除锯齿：打开此复选框时，将柔化图层对象的边缘。

（10）深度：此选项是应用浮雕或斜面的边缘深浅度。

10.2.2　课堂案例——制作网站导航条

通过制作网站导航条深入学习图层样式命令的使用，效果如图 10-20 所示。

图 10-20　导航条效果

操作步骤如下。

1.制作导航内容

STEP 1 创建一个新文件 600×140 像素。新建一个图层命名为"圆角矩形"，选择圆角矩形工具，在选项栏设置方式为像素，半径设置为 6 像素。制作一个圆角矩形如图 10-21 所示。

图 10-21　灰色导航条

STEP 2 选中"圆角矩形"图层，单击图层面板底部的 fx 按钮，打开图层样式对话框，单击"内发光"命令，设置混合模式为"滤色"，方法为"柔和"，参数设置如图 10-22 所示。

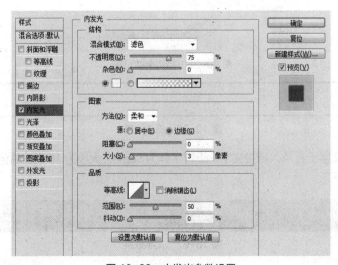

图 10-22　内发光参数设置

STEP 3 使用渐变叠加图层样式，渐变颜色设置从左到右依次设置为#5e80a3、#839db8、#b8c7d6，中间色标的左颜色中点移动到中间色标旁边，颜色设置如图 10-23 所示。渐变叠加设置如图 10-24 所示。

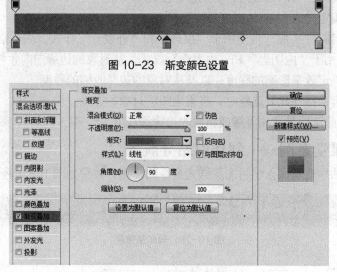

图 10-23　渐变颜色设置

图 10-24　渐变叠加参数设置

STEP 4 描边：颜色为#5e80a3，大小为 1 个像素，位置为外部，参数设置如图 10-25 所示，效果如图 10-26 所示。

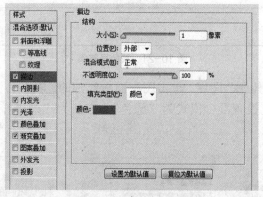

图 10-25　描边参数设置

图 10-26　描边效果

STEP 5 使用文字工具录入链接文字，设置字体为 Segoe，大小为 16 点，颜色设置为#FFFFFF，效果如图 10-27 所示。

home　Downloads　About us　Team　Contact　Supply

图 10-27　文字效果

2.制作分割线

STEP 1 新建一个图层命名为"白色线条"。选择矩形选框工具，在矩形选框工具的选项栏上设置样式为"固定大小"，宽度设置为 1 像素，高度设置为 42 像素。在 Home 文字的右边绘制矩形选区，并使用#FFFFFF 颜色填充。效果如图 10-28 所示。按 Ctrl+D 组合键取消选区，效果如图 10-29 所示。

图 10-28　矩形选框

图 10-29　白色线条

STEP 2 柔化白色线条的下端。步骤如下：使用矩形选框工具，在选项栏上设置样式为"正常"，绘制矩形选区，如图 10-30 所示。执行"选择"|"修改"|"羽化"命令（或按 Shift+F6组合键），设置羽化半径为 5 像素。效果如图 10-31 所示。按 Delete 键。按 Ctrl+D 组合键取消选区，效果如图 10-32 所示。同样方法柔化白色线条的上端。

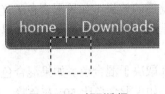

图 10-30　矩形选框

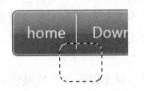

图 10-31　羽化后的白色选框

图 10-32　删除

STEP 3 复制 5 个白色线条分别置于各个导航文字之间。将线条图层的不透明设置为 60%。导航条制作完毕。

10.3　图层混合模式

10.3.1　混合模式简介

图层的混合模式是指一个图层与其下图层的色彩叠加方式，在图像处理过程中，通过应用图层混合模式，可以制作出特殊的图像效果。

- 正常：默认模式，显示混合色图层的像素，没有进行任何的图层混合。
- 溶解：编辑或绘制每个像素使其成为结果色。但根据像素位置的不透明度，结果色由基色或混合色的像素随机替换。
- 变暗：查看每个通道中的颜色信息选择基色或混合色中较暗的作为结果色，其中比混合色亮的像素被替换，比混合色暗的像素保持不变。
- 正片叠底：查看每个通道中的颜色信息并将基色与混合色复合，结果色是较暗的颜色。任何颜色与黑色混合产生黑色，与白色混合保持不变。用黑色或白色以外的颜色绘画时，绘画工具绘制的连续描边产生逐渐变暗的颜色。
- 颜色加深：查看每个通道中的颜色信息通过增加对比度使基色变暗以反映混合色，与黑色混合后不产生变化。
- 线性加深：查看每个通道中的颜色信息通过减小亮度使基色变暗以反映混合色。

- 变亮：查看每个通道中的颜色信息选择基色或混合色中较亮的颜色作为结果色。比混合色暗的像素被替换，比混合色亮的像素保持不变。

- 滤色（屏幕）：查看每个通道的颜色信息将混合色的互补色与基色混合。结果色总是较亮的颜色，用黑色过滤时颜色保持不变，用白色过滤将产生白色。

- 颜色减淡：查看每个通道中的颜色信息，并通过减小对比度使基色变亮以反映混合色，与黑色混合则不发生变化。

- 线性减淡：查看每个通道中的颜色信息，并通过增加亮度使基色变亮以反映混合色，与黑色混合则不发生变化。

- 叠加：复合或过滤颜色具体取决于基色。图案或颜色在现有像素上叠加同时保留基色的明暗对比不替换基色，但基色与混合色相混以反映原色的亮度或暗度。

- 柔光：使颜色变亮或变暗具体取决于混合色，此效果与发散的聚光灯照在图像上相似。如果混合色（光源）比 50%灰色亮则图像变亮就像被减淡了一样。如果混合色（光源）比 50%灰色暗则图像变暗就像加深了。用纯黑色或纯白色绘画会产生明显较暗或较亮的区域，但不会产生纯黑色或纯白色。

- 强光：复合或过滤颜色具体取决于混合色，效果与耀眼的聚光灯照在图像上相似。如果混合色（光源）比 50%灰色亮则图像变亮就像过滤后的效果。如果混合色（光源）比 50%灰色暗则图像变暗就像复合后的效果。用纯黑色或纯白色绘画会产生纯黑色或纯白色。

- 亮光：通过增加或减小对比度来加深或减淡颜色具体取决于混合色。如果混合色（光源）比 50%灰色亮，则通过减小对比度使图像变亮。如果混合色比 50%灰色暗，则通过增加对比度使图像变暗。

- 线性光：通过减小或增加亮度来加深或减淡颜色具体取决于混合色。如果混合色（光源）比 50%灰色亮，则通过增加亮度使图像变亮。如果混合色比 50%灰色暗，则通过减小亮度使图像变暗。

- 点光：替换颜色具体取决于混合色。如果混合色（光源）比 50%灰色亮，则替换比混合色暗的像素，而不改变比混合色亮的像素。如果混合色比 50%灰色暗，则替换比混合色亮的像素，而不改变比混合色暗的像素。这对于向图像添加特殊效果非常有用。

- 差值：查看每个通道中的颜色信息并从基色中减去混合色，或从混合色中减去基色，具体取决于哪一个颜色的亮度值更大。与白色混合将反转基色值；与黑色混合则不产生变化。

- 排除：创建一种与"差值"模式相似但对比度更低的效果。与白色混合将反转基色值，与黑色混合则不发生变化。

- 色相：用基色的亮度和饱和度及混合色的色相创建结果色。

- 饱和度：用基色的亮度和色相及混合色的饱和度创建结果色。在无（0）饱和度（灰色）的区域上用此模式绘画不会产生变化。

- 颜色：用基色的亮度及混合色的色相和饱和度创建结果色，这样可以保留图像中的灰阶，并且对于给单色图像上色和给彩色图像着色都会非常有用。

- 亮度：用基色的色相和饱和度及混合色的亮度创建结果色。此模式创建与"颜色"模式相反的效果。

10.3.2 课堂案例——制作网页 banner

利用混合模式合成 banner，效果如图 10-33 所示。

图 10-33　banner 效果

（1）启动 Photoshop 软件，新建一个名称为 banner，宽为 1000 像素，高为 175 像素的文件。

（2）设置前景色为#2990e1，背景色为白色，单击渐变工具，按住 Shift 键从上往下拉垂直渐变。单击"图层蒙版"按钮，使用黑色画笔将图片右边的蓝色渐变擦掉，效果如图 10-34 所示。

图 10-34　蓝白线性渐变加蒙版效果

（3）按 Ctrl+O 组合键，打开图 10-35 所示的点状地球图片，使用移动工具将图片拖动到 banner 文件中，将该地球图片图层的混合模式设置为【划分】，效果如图 10-36 所示。

图 10-35　点状地球　　　　　　　　图 10-36　划分混合模式效果

（4）将建筑物拖动到 banner 文件中，如图 10-37 所示。单击图层面板底部的"图层蒙版"按钮，使用黑色画笔将建筑物图片周围隐藏，效果如图 10-38 所示。

图 10-37　建筑物移入图

图 10-38　建筑物融入图

（5）移入右边的风景素材，按 Ctrl+T 组合键变换，右键单击"斜切"命令，制作图片斜切效果如图 10-39 所示。

图 10-39　斜切

（6）将 Logo 拖动到 banner 中。输入图 10-40 的文字，设置图层样式为描边，描边参数设置为白色，3 个像素，位置为外部。

图 10-40　Logo 和文字效果

● 课后习题 1　制作空中楼阁，效果如图 10-41 所示。提示：建筑物移入后，设置图层模式为柔光。

图 10-41　空中楼阁

● 课后习题 2　使用图层蒙版制作汽车实训基地 banner，效果如图 10-42 所示。

图 10-42　汽车实训基地 banner

● 课后习题 3　利用图层样式制作教师节海报，效果如图 10-43 所示。

图 10-43　教师节海报

● 课后习题 4　利用图层样式制作翡翠玉镯，效果如图 10-44 所示。

图 10-44　翡翠玉镯

PART 11

第 11 章
通道和动作

本章主要介绍通道和动作的使用。

学习目标

- 掌握通道的操作
- 掌握使用通道进行抠图
- 掌握动作的操作
- 掌握使用动作进行批处理操作

11.1 通道的基础知识

11.1.1 通道的定义

通道是保存不同颜色信息的灰度图像，可以存储图像中的颜色数据、蒙版或选区。

通道作为图像的组成部分，是与图像的格式密不可分的，图像颜色、格式的不同决定了通道的数量和模式，在通道面板中可以直观地看到。图像的颜色模式决定了为图像创建颜色通道的数目。

- 位图模式仅有一个通道，通道中有黑色和白色 2 个色阶。
- 灰度模式的图像有一个通道，该通道表现的是从黑色到白色的 256 个色阶的变化。
- RGB 模式的图像有 4 个通道，1 个复合通道（RGB 通道），3 个分别代表红色、绿色、蓝色的通道。
- CMYK 模式的图像由 5 个通道组成：1 个复合通道（CMYK 通道），4 个分别代表青色、洋红、黄色和黑色的通道。
- LAB 模式的图像有 4 个通道：1 个复合通道（LAB 通道），1 个明度分量通道，两个色度分量通道。

一个通道层同一个图像层之间最根本的区别在于：图层的各个像素点的属性是以红绿蓝三原色的数值来表示的，而通道层中的像素颜色是由一组原色的亮度值组成的。通道中只有一种颜色的不同亮度，是一种灰度图像。

11.1.2 Photoshop 通道分类

通道分为颜色通道、专色通道、复合通道和 Alpha 通道。在颜色通道和专色通道中，通道是用来存储颜色信息的，是根据颜色模式将颜色信息分离出来，Alpha 通道是用来存储选区的，是以灰阶来表示并记录的。

1. 颜色通道

一个图片被建立或者打开以后是自动会创建颜色通道的。当用户在 photoshop 中编辑图像时，实际上就是在编辑颜色通道。这些通道把图像分解成一个或多个色彩成分，图像的模式决定了颜色通道的数量，RGB 模式有 R、G、B 3 个颜色通道，CMYK 图像有 C、M、Y、K 4 个颜色通道，灰度图只有一个颜色通道，它们包含了所有将被打印或显示的颜色。当我们查看单个通道的图像时，图像窗口中显示的是没有颜色的灰度图像，通过编辑灰度级的图像，可以更好地掌握各个通道原色的亮度变化。

2. 专色通道

专色通道是一种特殊的颜色通道，它可以使用除了青色、洋红（有人叫品红）、黄色、黑色以外的颜色来绘制图像。在印刷中为了让自己的印刷作品与众不同，往往要做一些特殊处理。如增加荧光油墨或夜光油墨，套版印制无色系（如烫金）等，这些特殊颜色的油墨（我们称其为"专色"）都无法用三原色油墨混合而成，这时就要用到专色通道与专色印刷了。

在图像处理软件中，都存有完备的专色油墨列表。我们只需选择需要的专色油墨，就会生成与其相应的专色通道。但在处理时，专色通道与原色通道恰好相反，用黑色代表选取（即喷绘油墨），用白色代表不选取（不喷绘油墨）。由于大多数专色无法在显示器上呈现效果，所以其制作过程也带有相当大的经验成分。

3. 复合通道

复合通道是由蒙版概念衍生而来，用于控制两张图像叠盖关系的一种简化应用。复合通道不包含任何信息，实际上它只是同时预览并编辑所有颜色通道的一个快捷方式。它通常被用来在单独编辑完一个或多个颜色通道后使通道面板返回到它的默认状态。对于不同模式的图像，其通道的数量是不一样的。在 Photoshop 之中通道涉及 3 个模式：RGB、CMYK、Lab 模式。对于 RGB 图像含有 RGB、R、G、B 通道；对于 CMYK 图像含有 CMYK、C、M、Y、K 通道；对于 Lab 模式的图像则含有 Lab、L、a、b 通道。

4. Alpha 通道

Alpha 通道是计算机图形学中的术语，指的是特别的通道。有时，它特指透明信息，但通常的意思是"非彩色"通道。Alpha 通道是为保存选择区域而专门设计的通道，在生成一个图像文件时并不是必须产生 Alpha 通道。通常它是由人们在图像处理过程中人为生成，并从中读取选择区域信息的。因此在输出制版时，Alpha 通道会因为与最终生成的图像无关而被删除。但也有时，比如在三维软件最终渲染输出的时候，会附带生成一张 Alpha 通道，用于平面处理软件中的后期合成。

除了 Photoshop 的文件格式 PSD 外，GIF 与 TIFF 格式的文件都可以保存 Alpha 通道。而 GIF 文件还可以用 Alpha 通道作图像的去背景处理。因此我们可以利用 GIF 文件的这一特性制作任意形状的图形。

11.1.3　通道的功能

通道的用途非常广泛。

1. 在选区中的应用

通道不仅可以存储选区和创建选区，还可以对已有的选区进行各种编辑操作，从而得到符合图像处理和效果制作的精确选区。

2. 在图像色彩调整中的应用

利用"图像"|"调整"菜单下的命令可以对图像的单个颜色通道进行调整，从而改变图像颜色，得到特殊的颜色效果。

3. 在滤镜中的应用

可以应用通道中的各种滤镜，改变图像的质量并制作出多种特效。

11.2 通道的操作

11.2.1 新建 Alpha 通道

新建 Alpha 通道的方法有 2 种。

（1）单击通道面板右上角的按钮，从弹出的面板菜单中选择"新建通道"命令，打开"新建通道"对话框，如图 11-1 所示。单击确定按钮。默认通道的名称是 Alpha1 通道。

（2）单击通道面板底部的"创建新通道"按钮，得到通道的名称是 Alpha1 通道。Photoshop 默认以 Alpha1、Alpha2、Alpha3…命名。

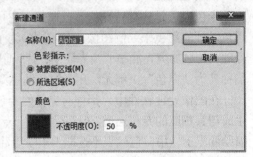

图 11-1 "新建通道"对话框

11.2.2 复制和删除通道

复制通道与复制图层非常类似。选中欲复制的通道，拖动该通道至面板底端"创建新通道"按钮，即可复制通道。还可以在选中通道之后，从面板菜单中单击"复制通道"命令，此时将弹出一个对话框供用户设置新通道的名称和目标文档。

删除通道的方法也很简单，将要删除的通道拖动至"删除当前通道"按钮，或者选中通道后单击通道面板菜单中的"删除通道"命令即可。

11.2.3 分离通道

在通道面板弹出菜单中单击"分离通道"命令，可以将图像的通道分离为单独的图像文件，分离后源文件被关闭，每一个通道均以灰度颜色模式成为一个独立的图像文件。

11.2.4 保存选区至通道

在图像中通过选区工具绘制一个选区后，执行"选择"|"存储选区"命令，打开"存储选区"对话框，在名称框里输入名称，即可将选区存储为通道，如图 11-2 所示。

图 11-2 "存储选区"对话框

11.3 课堂案例——通道抠图

利用通道抠取图像中的人物，抠图前后的效果图如图 11-3 所示。

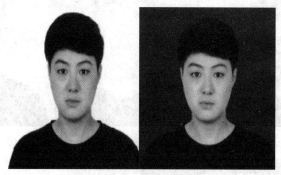

图 11-3 抠图前后效果

本实例通过更换人物背景，主要讲解使用通道抠图的方法。在制作的过程中，首先使用钢笔工具，得到人物大致选区并存储，然后在通道中得到头发的选区，最后添加背景素材，使用画笔工具去除白色杂边，最终制作出通道抠图效果。

操作步骤如下。

STEP 1 启动 Photoshop 软件，按 Ctrl+O 组合键，打开素材图像。

STEP 2 按 Ctrl+J 组合键，将背景图层复制一份。

STEP 3 选择钢笔工具，围绕衣、脖子和脸边缘，头发偏内部创建大致路径，如图 11-4 所示。

按 Ctrl+Enter 组合键创建选区。选中背景副本图层，按 CTRL+J 组合键复制选区图像。复制出的图层重命名为"大致身体"图层，如图 11-5 所示。

图 11-4 创建大致路径

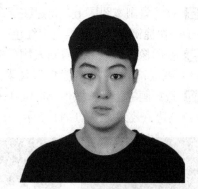

图 11-5 复制选区图像

STEP 4 切换到通道面板，各颜色通道的图像如图 11-6 所示，下面图像通道依次为红通道、绿通道、蓝通道。通过观察，可以发现红通道黑白对比最强烈，所以选择红通道。

STEP 5 复制红通道，得到"红副本"通道。

STEP 6 按 Ctrl+L 快捷键，在弹出的色阶对话框中调整色阶参数，如图 11-7 所示。

STEP 7 按住 Ctrl 键，同时单击 Alpha1 通道，载入通道选区。执行"选择" | "反向"菜单命令，将选区反向。得到头发的选区，选中背景副本图层，按 CTRL+J 组合键复制选区图

像。复制出的图层重命名为"头发边缘"图层，如图 11-8 所示。

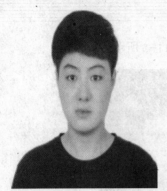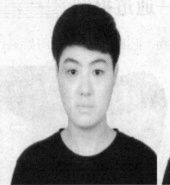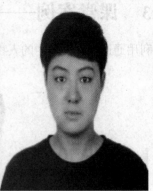

图 11-6 红、绿、蓝通道

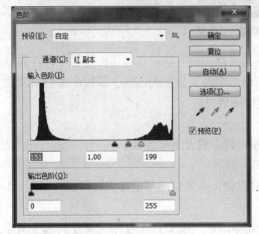

图 11-7 "色阶"对话框

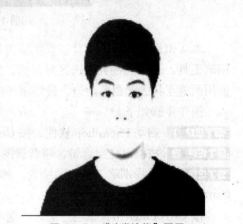

图 11-8 "头发边缘"图层

STEP 8 在背景副本图层上，新建图层命名为"红色背景"图层，设置前景色为#a50b0b，按 Alt+Delete 快捷键，将选区填充为红色，效果如图 11-9 所示。

STEP 9 在图像窗口中可以看到人物更换背景后的效果，人物边缘有很多白色杂边。选择"头发边缘"图层，单击"锁定透明"像素按钮，以锁定图层透明像素，如图 11-10 所示。

STEP 10 选择画笔工具，按住 Alt 键在图像中选取头发颜色，然后在白色杂边区域涂抹，以消除白色杂边，效果如图 11-11 所示。

图 11-9 选区填充为红色

图 11-10 锁定透明像素

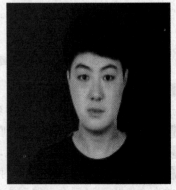

图 11-11 消除杂边

11.4　课堂案例——修改图像颜色

利用通道改变图片颜色，效果如图 11-12 所示。

图 11-12　效果图

操作步骤如下。

STEP 1 启动 Photoshop 软件，打开一张背景素材，如图 11-13 所示。

图 11-13　背景素材

STEP 2 执行"图像"|"模式"|"Lab 颜色"命令，切换到 Lab 模式，此时的"通道"调板如图 11-14 所示。

STEP 3 选择 b 通道，按 Ctrl+A 快捷键全选，再按 Ctrl+C 快捷键复制；选择 a 通道，按 Ctrl+V 快捷键粘贴，再按 Ctrl+D 快捷键取消选区，选择 Lab 复合通道，得到图 11-12 所示效果。

STEP 4 单击"图像"|"模式"|"RGB 颜色"命令，转换图像为 RGB 颜色模式。

图 11-14 "通道"调板

11.5 动作

动作是一系列有序操作的集合，其特点是一次录制，可以多次重复使用。

动作面板是建立、编辑、播放动作的主要场所，执行"窗口"|"动作"命令，在图像窗口中显示面板，如图 11-15 所示。

图 11-15 "动作"面板

11.5.1 创建新组

创建一个新组的步骤如下。

STEP 1 单击动作面板上的创建新组按钮 ▢ 。

STEP 2 在弹出的对话框中输入组的名称即可，如图 11-16 所示。

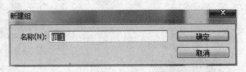

图 11-16 新建组

11.5.2 创建新动作

创建一个新动作的步骤为：单击动作面板上的创建新动作按钮 ▢ ，弹出"新建动作"的对话框，如图 11-17 所示，在对话框中输入动作的名称。设置好各项参数后，单击"记录"按钮即可创建新动作。

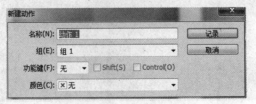

图 11-17 新建动作

- 组：用于设置新建动作所属的分组。
- 功能键：用于设置使用该动作的快捷键。
- 颜色：用于设置新建动作在动作面板上显示的颜色。

11.5.3　录制动作

录制动作的步骤如下。

STEP 1 打开一张素材图像，如图 11-18 所示。

STEP 2 单击"动作"面板中的"创建新组"按钮，弹出"新建组"对话框，在"名称"文本框中输入组的名称为"马赛克动作"。

STEP 3 单击动作面板中的"创建新动作"按钮，弹出"新建动作"对话框，如图 11-19 所示。单击"记录"按钮关闭"新建动作"对话框，进入动作记录状态，此时的"开始记录"按钮呈按下状态并显示为红色■。

图 11-18　素材图像

图 11-19　新建动作

STEP 4 将背景图层复制一份，更改图层模式为"柔光"。

STEP 5 执行"滤镜"|"像素化"|"马赛克"命令，弹出"马赛克"对话框，设置"单元格大小"为 75，单击"确定"按钮，效果如图 11-20 所示。

STEP 6 执行"滤镜"|"锐化"|"锐化"命令，并按 Ctrl+F 快捷键，重复执行该命令 3 次，效果如图 11-21 所示。单击动作面板底部的停止记录按钮■，停止动作。

图 11-20　马赛克

图 11-21　锐化

11.5.4　播放动作

在动作面板中，选择某个动作，单击"播放选定的动作"按钮，操作步骤如下。

STEP 1 打开一张素材图片，如图 11-22 所示。

图 11-22　素材

STEP 2 单击动作面板右上角的 ▤ 按钮，在弹出的快捷菜单中选择"图像效果"。

STEP 3 在动作面板中可以看到载入的"图像效果"动作，如图 11-23 所示。在"图像效果"动作组中选择"鳞片"动作，单击"播放选定的动作"按钮 ▶。得到鳞片效果，如图 11-24 所示。

图 11-23　图像效果

图 11-24　鳞片

● 课后习题　利用分离通道和合并通道改变图片颜色，处理前后效果图如图 11-25 所示。

图 11-25　效果图

PART 12

第12章
滤镜的应用

滤镜是 Photoshop 中功能最丰富、效果最奇特的工具之一，它能对图像产生各种特效处理，从而产生各种特殊的效果。本章主要介绍滤镜的应用。

学习目标

- 了解滤镜的概念
- 掌握各种滤镜的应用

12.1 滤镜

滤镜被称为 Photoshop 图像处理的"灵魂"，很多精美的图像效果都是结合滤镜来实现的。单击"滤镜"菜单，在弹出的"滤镜"子菜单中提供了"像素化""扭曲""风格化"和"模糊"等多种滤镜。

12.1.1 认识滤镜

滤镜就是 Photoshop 为用户提供的一种图像处理的艺术效果，可以使用滤镜来更改图像的外观，如为图像添加马赛克拼贴外观。也可以使用某些滤镜来清除或修饰图像。Photoshop CS6 提供的滤镜效果如图 12-1 所示。

图 12-1 "滤镜"菜单

12.1.2　滤镜的使用规则

在使用滤镜的时候要注意以下几点。

- 滤镜可以对某一特定的区域、图层和通道起作用，如果在进行滤镜操作前没有进行选择区域，则对当前图层起作用。
- 并不是任何色彩模式都可以使用滤镜，在位图、索引模式和16位/通道模式下不能使用滤镜，在CMYK模式和Lab模式下有部分滤镜不能使用。
- 使用滤镜处理图层中的图像时，需要选择该图层，并且图层必须是可见的。
- 滤镜处理效果是以像素为单位进行计算的，因此，相同参数处理不同分辨率的图像，其效果也会不同。

12.1.3　滤镜的使用技巧

1. 重复使用滤镜

如果在使用一次滤镜后效果不明显，可以重复使用滤镜，直到达到满意的效果。方法是按Ctrl+F组合键。

2. 对通道使用滤镜

如果分别对图像的各个通道使用滤镜，结果和对图像使用滤镜的效果是一样的。但是对图像的单独通道使用滤镜，则可以得到一种特殊的效果。图12-2是对图像的蓝色通道使用浮雕滤镜的效果。

图 12-2　对通道使用滤镜

3. 对图像局部使用滤镜

如果当前图像中存在选区，则使用的滤镜效果将作用于选区中的图像，如果没有选区，使得滤镜效果将作用于整个图层，如图12-3所示，左图是对整个图层使用滤镜，右图是对人物部分使用滤镜。

图 12-3　全局和局部滤镜使用效果

12.1.4 滤镜的一般使用方法

滤镜的一般使用方法是在"滤镜"菜单中选择相应滤镜类型子菜单中的某个滤镜命令，在打开的参数设置对话框中设置好参数后确定即可。

球面化设置的步骤如下。

STEP 1 打开图像，如图 12-4 所示。

图 12-4　图像

STEP 2 单击"滤镜" | "扭曲" | "球面化"命令，弹出图 12-5 所示的"球面化"对话框，设置好参数。

STEP 3 单击"确定"按钮即可查看使用滤镜后的效果，如图 12-6 所示。

图 12-5　"球面化"参数设置

图 12-6　效果

12.2　智能滤镜

滤镜需要修改像素才能呈现特效，而智能滤镜则是一种非破坏性的滤镜，可以达到与普通滤镜完全相同的效果。但它是作为图层效果出现在图层面板中的，而不会真正改变图像中的任何像素，并且可以随时修改或删除参数。

12.2.1　应用智能滤镜

使用智能滤镜的具体操作方法如下。

STEP 1 打开图像。

STEP 2 执行"滤镜"|"转换为智能滤镜"命令，在弹出的对话框中单击"确定"按钮，将背景图层转换为智能对象，如图 12-7 所示。

图 12-7　"转换为智能滤镜"命令

STEP 3 执行滤镜"滤镜"|"晶格化"命令，使用滤镜的前后对比图如图 12-8 所示。

图 12-8　滤镜前后对比

12.2.2　修改智能滤镜

可以通过图层面板中相应的滤镜来修改滤镜效果，具体操作方法是：双击图层面板中的"晶格化"智能滤镜，如图 12-9 所示，在弹出的对话框中修改"单元格大小"参数，如图 12-10 所示，单击"确定"按钮即可更新滤镜效果，如图 12-11 所示。

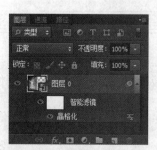

图 12-9　"晶格化"智能滤镜

图 12-10　修改"单元格大小"

图 12-11　更新效果

12.3　滤镜库

　　在滤镜库中提供了多种滤镜效果的预览。选择"滤镜"|"滤镜库"命令,打开"滤镜库"对话框,如图 12-12 所示,可对图像进行风格化、画笔描边、扭曲、素描、纹理和艺术效果等多种滤镜设置,在设置滤镜效果的同时可通过对话框左侧的预览框预览。

图 12-12　"滤镜库"对话框

12.4　镜头校正滤镜

镜头校正滤镜根据各种相机与镜头的测量自动校正，可以轻易消除桶状和枕状变形、相片周边暗角，以及造成边缘出现彩色光晕的色相差。

可以使用镜头校正滤镜修复倾斜的图像，如图 12-13 所示。

图 12-13　使用"镜头校正"滤镜前后

具体操作步骤如下。

STEP 1 打开图像。

STEP 2 单击"滤镜"|"镜头校正"命令，打开"镜头校正"的对话框，选择拉直工具 ，沿着岸边画一条线，如图 12-14 所示。

图 12-14　镜头校正

STEP 3 单击"确定"按钮，即可将倾斜的图像校正。

12.5 液化滤镜和消失点滤镜

12.5.1 液化滤镜

"液化"滤镜效果主要用于创建液体动态的图像变形效果，在菜单栏上选择"滤镜"|"液化"命令，弹出图 12-15 所示的"液化"对话框。

图 12-15 "液化"对话框

在对话框的左上角是工具箱，通过使用工具箱中的各种工具，可以对图像或者是变形区域进行一系列的操作。工具箱由上到下分别是向前变形工具 、重建工具 、褶皱工具 、膨胀工具 、左推工具 、抓手工具 和缩放工具 。

在对话框中，"工具选项"栏用于设置笔触的大小和压力等；"重新构建"栏用于对图像进行重新操作。利用工具箱中的各种工具对图像进行操作，效果如图 12-16 所示。

图 12-16 "液化"效果图

12.5.2 课堂案例——利用液化滤镜给人物瘦身

本案例通过给人物瘦身介绍液化滤镜的使用，瘦身前后效果图如图 12-17 所示。

图 12-17 人物瘦身效果

操作步骤如下。

STEP 1 打开文件 "06.jpg"。

STEP 2 选择 "滤镜" 菜单中的 "液化" 命令。

STEP 3 在弹出的 "液化" 滤镜对话框中，选择向前变形工具 👋 ，设置画笔大小为 50 像素，在人物的腰部和腿部进行推动变形。

12.5.3 消失点滤镜

"消失点" 命令可以在包含透视平面的图像中进行透视校正编辑。在编辑消失点时，可以在图像中指定平面，然后，应用绘画、仿制、复制、粘贴及变换等编辑操作，所有这些编辑操作都将根据所绘制的平面网格来给图像添加透视。

执行 "滤镜" | "消失点" 命令，可以弹出 "消失点" 对话框，如图 12-18 所示。

图 12-18 "消失点" 对话框

其中各个工具的作用分别如下。

- 编辑平面工具 ：用于选择、编辑和移动平面的节点或调整平面的大小，经常用于修改创建的透视平面。
- 创建平面工具 ：在画面中单击即可创建透视平面的角节点，创建后，可以拖动角节点调整透视平面的形状，按照 Ctrl 键并拖动平面中的角节点可以创建垂直平面。
- 选框工具 ：在平面上单击鼠标左键并拖动鼠标可以选择平面上的图像，选择图像后，将鼠标放到选区内，按照 Alt 键，可以对选区中的图像进行复制。
- 图章工具 ：与工具箱中的图章工具一样。
- 画笔工具 ：可以在图像上绘制特定的颜色。
- 变换工具 ：用于对定界框进行缩放、旋转及移动选区。

12.5.4　课堂案例——去除图像中的杂物

利用消失点滤镜去除图像中的杂物，效果图如图 12-19 所示。

图 12-19　去除图像中的杂物

操作步骤如下。

STEP 1 打开素材文件 "07.jpg"。

STEP 2 选择 "滤镜" 菜单中的 "消失点" 命令，打开 "消失点" 对话框，在左侧选择创建平面工具 ，在图中单击创建平面，如图 12-20 所示。

STEP 3 选择编辑平面工具 ，修改平面区域，如图 12-21 所示。

图 12-20　创建平面　　　　　　　　图 12-21　修改平面区域

STEP 4 选择选框工具 ，在图像中拖动鼠标创建选区，如图 12-22 所示。

STEP 5 设置选区的羽化值为10，修复为"明亮度"，按住 Alt 键拖动鼠标，将选区移动至要覆盖的物体上，如图 12-23 所示。

图 12-22　创建选区

图 12-23　移动选区

STEP 6 再次选择选框工具 ，在图像中拖动鼠标创建选区，如图 12-24 所示。按住 Alt 键拖动鼠标，将选区移动至要覆盖的物体上，如图 12-25 所示。

图 12-24　再创建选区

图 12-25　再移动选区

STEP 7 重复创建选区，复制选区的操作，直到消除所有的杂物，如图 12-26 所示。

图 12-26　消除所有杂物

12.6 风格化滤镜组

12.6.1 风格化滤镜组

"风格化"菜单下的命令可通过置换图像中的像素和查找特定的颜色来增加对比度,生成各种绘画效果或印象派的艺术效果。"风格化"滤镜组包含 8 种滤镜,每种滤镜产生的效果如图 12-27 所示。

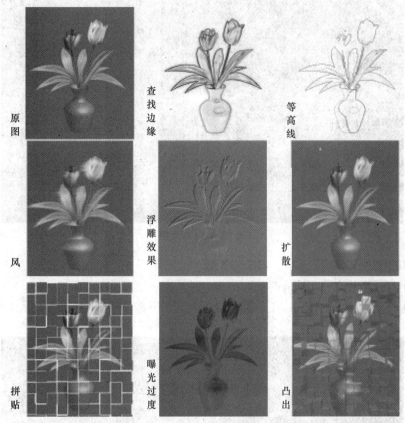

图 12-27 "风格化"滤镜组效果图

各滤镜的作用分别如下。

- 查找边缘:能自动搜索图像像素对比度变化剧烈的边界,将高反差区变亮,低反差区变暗,其他区域则介于两者之间,硬边变为线条,而柔边变粗,形成一个清晰的轮廓。
- 等高线:用来查找主要亮度区域中的过渡色,并用细线勾画每个颜色通道中的像素,得到与等高线相似的效果。
- 风:可以为图像添加一些短而细的水平线来模拟风吹效果。
- 浮雕效果:可通过勾画图像或选区轮廓和降低周围色值来生成凸起或凹陷的浮雕效果。
- 扩散:通过置换图像边缘的颜色像素,使图像边缘产生抖动的效果。
- 拼贴:可根据指定的值将图像分为块状,并使其偏离原来的位置,产生不规则瓷砖拼凑成的图像效果。

● 曝光过度：能产生混合正片和负片的图像效果，与在冲洗过程中将照片简单曝光而加亮的效果相似。

● 凸出：用来将图像转换成一系列的三维立方体或锥体，以产生特殊的三维效果。

12.6.2　课堂案例——制作特效文字

本案例通过制作特效文字介绍风滤镜的使用，效果如图 12-28 所示。

图 12-28　效果图

操作步骤如下。

STEP 1　打开素材文件"09.jpg"。

STEP 2　在工具箱上选择文字工具 **T**，录入文字"雷神"，如图 12-29 所示。

图 12-29　录入文字

STEP 3　复制文字图层"雷神"，产生"雷神副本"图层，将"雷神"图层栅格化。

STEP 4　选中"雷神"图层，执行"滤镜"|"风格化"|"风"命令，在弹出的"风"对话框中设置方法为"风"，方向为"从右"，单击确定，效果如图 12-30 所示。

STEP 5　再次执行"风"滤镜，设置方向为"从左"，效果如图 12-31 所示。

图 12-30 设置 "风"

图 12-31 执行 "风" 滤镜

STEP.6 执行 "图像" | "图像旋转" | "90 度（顺时针）" 命令，将图像翻转，如图 12-32 所示。

STEP.7 重复步骤（4）（5），效果如图 12-33 所示。

图 12-32 图像翻转

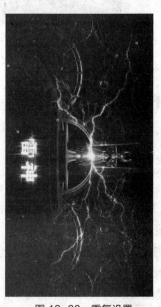

图 12-33 重复设置

STEP 8 执行"图像"|"图像旋转"|"90 度（逆时针）"命令，将图像翻转，如图 12-34 所示。

STEP 9 选中"雷神"图层，添加"色相饱和度"调整图层，参数设置如图 12-35 所示。

STEP 10 文字特效的最终效果图如图 12-36 所示。

图 12-34　继续翻转

图 12-35　"色相饱和度"设置

图 12-36　最终效果

12.7　模糊滤镜组

　　"模糊"滤镜组中包含 14 种滤镜，它们可以削弱相邻像素的对比度并柔化图像，使图像产生模糊效果。在去除图像的杂色或者创建特殊效果时会经常用此类滤镜。下面简单介绍几种"模糊"滤镜。

12.7.1　场景模糊、光圈模糊和倾斜偏移

1. 场景模糊

　　"场景模糊"滤镜可以对图片进行焦距调整，这跟拍摄照片的原理一样，选择好相应的主体后，主体之前及之后的物体就会相应的模糊。选择的镜头不同，模糊的方法也略有差别。不过场景模糊可以对一幅图片全局或多个局部进行模糊处理。

　　使用方法：执行"滤镜"|"模糊"|"场景模糊"，弹出"场景模糊"的对话框，图片的

中心会出现一个黑圈带有白边的图形，同时我们的鼠标会变成一个大头针并且旁边带有一个"+"号，在图片所需模糊的位置点一下就可以新增一个模糊区域。鼠标单击模糊圈的中心就可以选择相应的模糊点，可以在数值栏设置参数，按住鼠标可以移动，按 Delete 键可以删除。"场景模糊"的设置界面如图 12-37 所示。

图 12-37 "场景模糊"设置

2.光圈模糊

"光圈模糊"就是用类似相机的镜头来对焦，焦点周围的图像会相应的模糊。

使用方法：执行"滤镜"|"模糊"|"光圈模糊"，在弹出的对话框中可以看到一个小圆环，把中心的黑白圆环移到图片中需要对焦的物体上面，然后进行参数及圆环大小的设置。与场景模糊一样，可以添加多个大头针来控制图像不同区域的模糊。"光圈模糊"的设置界面如图 12-38 所示。

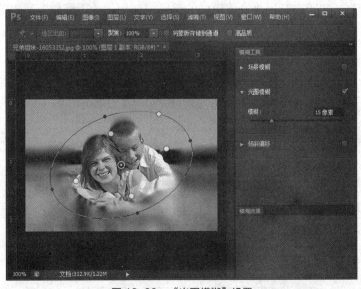

图 12-38 "光圈模糊"设置

3.倾斜偏移

"倾斜偏移"是用来模仿微距图片拍摄的效果,比较适合俯拍或者镜头有点倾斜的图片使用。

使用方法:执行"滤镜"|"模糊"|"倾斜偏移",在弹出的对话框中可以看到两组平行的线条。最里面的两条直线区域为聚焦区,位于这个区域的图像是清晰的,并且中间有两个小方块,叫作旋转手柄,我们可以旋转线条的角度及调大聚焦区的区域。"倾斜偏移"的设置界面如图 12-39 所示。

图 12-39 "倾斜偏移"设置

12.7.2 动感模糊、径向模糊和高斯模糊

1.动感模糊

"动感模糊"滤镜可以模仿拍摄运动物体的手法,通过对某一方向上的像素进行线性位移来产生运动模糊的效果。动感模糊的参数设置对话框如图 12-40 所示。其中,"角度"用于设置运动模糊的方向,"距离"用来设置模糊的强度。使用"动感模糊"滤镜前后对比效果如图 12-41 所示。

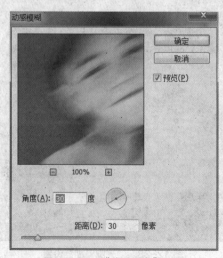

图 12-40 "动感模糊"设置

图 12-41　前后效果对比

2.径向模糊

　　"径向模糊"滤镜有"旋转"和"缩放"两种模糊方法。"动感模糊"的对话框如图 12-42 所示，其中"旋转"方式是围绕一个中心形成旋转的模糊效果；"缩放"方式是以模糊中心向四周发射的模糊效果。使用"径向模糊"滤镜前后对比效果如图 12-43 所示。

图 12-42　"径向模糊"设置

图 12-43　前后效果对比

3.高斯模糊

　　"高斯模糊"滤镜是利用高斯曲线的分布模式来添加低频率的细节而产生模糊效果，其对话框如图 12-44 所示。其中，"半径"用于调节和控制选择区域或当前处理图像的模糊程度。使用"高斯模糊"滤镜前后对比效果如图 12-45 所示。

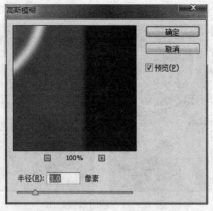

图 12-44　"高斯模糊"设置

图 12-45　前后效果对比

12.7.3　表面模糊、特殊模糊

1.表面模糊

　　"表面模糊"滤镜可以在保留边缘的同时模糊图像,用于创建特殊效果并消除杂色或粒度。"表面模糊"的对话框如图 12-46 所示。其中,"半径"用来指定模糊取样区域的大小;"阈值"用来控制相邻像素色调值与中心像素相差多大时才能成为模糊的一部分,色调值差小于阈值的像素被排除在模糊之外。使用"表面模糊"滤镜前后对比效果如图 12-47 所示。

图 12-46　"表面模糊"设置

图 12-47　前后效果对比

2. 特殊模糊

　　"特殊模糊"滤镜能够找出图像边缘并只模糊图像边界线以内的区域。"特殊模糊"的对话框如图 12-48 所示。使用"特殊模糊"滤镜前后对比效果如图 12-49 所示。

图 12-48　"特殊模糊"设置

图 12-49　前后效果对比

12.7.4　其他模糊

1. 镜头模糊

　　"镜头模糊"可以在图像中添加模糊以产生更窄的景深效果,使图像的一些对象在焦点内,而另外一些区域将变模糊。

2. 模糊

"模糊"滤镜可以消除图像中有明显颜色变化处的杂色，对于过于清晰或对比过于强烈的边缘有柔化作用。

3. 进一步模糊

"进一步模糊"与"模糊"滤镜产生的效果基本相同，但"进一步模糊"滤镜模糊的程度更强烈。

4. 平均

"平均"滤镜可以找出图像或所选图像的平均颜色，然后用该颜色填充图像，创建平滑的外观效果。

12.7.5 课堂案例——制作汽车运动效果

利用径向模糊和动感模糊制作汽车运动效果，效果图如图 12-50 所示。

图 12-50 汽车运动效果

操作步骤如下。

STEP 1 打开素材文件"13.jpg"。

STEP 2 执行"滤镜"|"模糊"|"径向模糊"，在"径向模糊"对话框中设置"数量"为 55，"模糊方法"为"缩放"，模糊效果如图 12-51 所示。

图 12-51 径向模糊

STEP 3 打开素材文件"14.jpg",选择魔棒工具,在白色背景处单击,选中白色区域,按
Ctrl+Shift+I 组合键将选区反向,如图 12-52 所示。

STEP 4 使用移动工具,将选区内的图像拖动到文件"13.jpg"中,并将图层重命名为"汽
车",如图 12-53 所示。

图 12-52 反向

图 12-53 拖动图像

STEP 5 选中"汽车"图层,执行"图层"|"修边"|"移去白色杂边",去掉白色杂边,
如图 12-54 所示。

STEP 6 选中"汽车"图层,按 Ctrl+T 组合键,将汽车缩小至合适大小,如图 12-55 所示。

图 12-54 去掉杂边

图 12-55 缩小汽车

STEP 7 复制"汽车"图层,得到"汽车副本",选中"汽车副本"图层,执行"滤镜"|
"模糊"|"动感模糊",设置动感模糊的"角度"为 90,"距离"为 20,模糊效果如图 12-56
所示。

STEP 8 选中"汽车副本"图层,添加图层蒙版,在蒙版上用黑色画笔在车头部分涂抹,
最终效果图如图 12-57 所示。

图 12-56 动感模糊

图 12-57 最终效果

12.8　扭曲滤镜组

"扭曲"滤镜组可以使图像产生扭曲、变形的效果，此组滤镜共包含9种滤镜：波浪、波纹、极坐标、挤压、切变、球面化、水波、旋转扭曲和置换。

12.8.1　波浪

"波浪"滤镜可以通过选择不同的波长而产生不同的波动效果，执行"滤镜"|"扭曲"|"波浪"，可以弹出"波浪"对话框，如图 12-58 所示。使用"波浪"滤镜的前后对比效果如图 12-59 所示。

图 12-58　"波浪"对话框

图 12-59　前后效果对比

- 生成器数：用来控制产生波的总数。
- 波长：用来控制波峰间距。
- 波幅：用来调节产生波的振幅。
- 比例：决定水平、垂直方向的变形尺度。
- 类型：用来规定波的形状。
- 未定义区域：未定义区域的类型，"折回"是缠绕型，"重复边缘像素"是平铺型。

12.8.2　波纹

"波纹"滤镜可以在图像上创建波状起伏的褶皱效果，类似于水平面的波纹。执行"滤镜"|

"扭曲"|"波纹",可以弹出"波纹"对话框,如图 12-60 所示。使用"波纹"滤镜的前后对比效果如图 12-61 所示。

图 12-60 "波纹"对话框

图 12-61 前后效果对比

- 数量:用来调节产生波纹的数量。
- 大小:用来设定波纹的大小。

12.8.3 极坐标

"极坐标"滤镜可以将图像从直角坐标转为极坐标或从极坐标转为直角坐标。执行"滤镜"|"扭曲"|"极坐标",可以弹出"极坐标"对话框,如图 12-62 所示。使用"极坐标"滤镜的效果如图 12-63 所示,左侧为平面坐标到极坐标效果,右侧为极坐标到平面坐标效果。

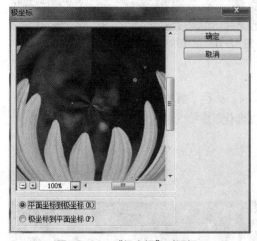

图 12-62 "极坐标"对话框

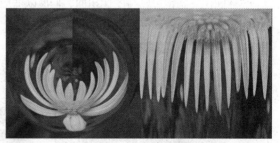

图 12-63 "极坐标"滤镜效果

12.8.4 挤压

"挤压"滤镜可以使图像产生向内或向外挤压的效果。执行"滤镜"|"扭曲"|"挤压",可以弹出"挤压"对话框,如图 12-64 所示,其中"数量"为正数使可将图像向内挤压,为负数时可将图像向外挤压。使用"挤压"滤镜的前后对比效果如图 12-65 所示。

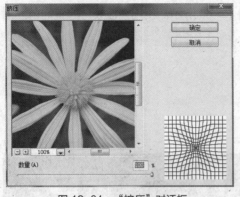

图 12-64 "挤压"对话框

图 12-65 "挤压"滤镜前后效果

12.8.5 切变

"切变"滤镜可以将图像沿设置的曲线进行扭曲。执行"滤镜"|"扭曲"|"切变",可以弹出"切变"对话框,如图 12-66 所示。使用"切变"滤镜的前后对比效果如图 12-67 所示。

图 12-66 "切变"对话框

图 12-67 "切变"滤镜前后效果

12.8.6 球面化

"球面化"滤镜可以将图像扭曲、伸展以适应球面。执行"滤镜"|"扭曲"|"球面化",可以弹出"球面化"对话框,如图 12-68 所示。使用"球面化"滤镜的前后对比效果如图 12-69 所示。

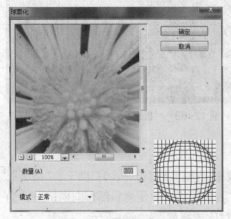

图 12-68 "球面化"对话框

图 12-69 "球面化"滤镜效果对比

12.8.7 水波

"水波"滤镜可以径向地扭曲图像，产生类似于湖水中泛起涟漪的效果。执行"滤镜" | "扭曲" | "水波"，可以弹出"水波"对话框，如图12-70所示。使用"水波"滤镜的前后对比效果如图12-71所示。

- 数量：用于设置水波方向从图像的中心到边缘的反转次数。
- 起伏：用来设置水波的起伏程度。
- 样式：用于设置如何置换像素。"水池波纹"表示像素置换到左上方或右下方，"从中心向外"表示远离选区中心置换像素，"围绕中心"表示围绕中心旋转像素。

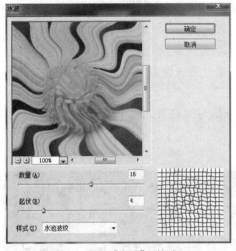

图 12-70 "水波"对话框

图 12-71 "水波"滤镜前后对比

12.8.8 旋转扭曲

"旋转扭曲"滤镜可以使图像旋转，生成旋转扭曲图案。执行"滤镜" | "扭曲" | "旋转扭曲"，可以弹出"旋转扭曲"对话框，如图12-72所示，其中"角度"用于指定旋转的角度，值为正数时顺时针旋转，值为负数时逆时针旋转。使用"旋转扭曲"滤镜的前后对比效果如图12-73所示。

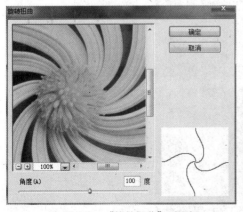

图 12-72 "旋转扭曲"对话框

图 12-73 "旋转扭曲"前后对比

12.8.9 置换

"置换"滤镜使用被称为"置换图形"的图像来确定如何扭曲原图像，从而产生不定方向的位移效果。"置换"滤镜可以产生移位效果，完成该滤镜需要一个置换图，该图像文件必须是 PSD 格式。

执行"滤镜"|"扭曲"|"置换"，可以弹出"置换"对话框，如图 12-74 所示。

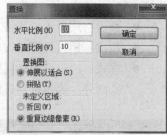

图 12-74   "置换"对话框

- 水平比例：用来控制水平方向缩放的比例。
- 垂直比例：用来控制垂直方向缩放的比例。
- 置换图：当置换图小于原图时，"伸展以适合"将会把置换图的图像作为覆盖图像来粘贴到当前被处理图像相同的尺寸处；"拼贴"将会把覆盖图放大，以适合原图像的大小。
- 未定义区域："折回"项将图像向四周伸展；"重复边缘像素"将重复边界像素，将图像边界处不完整的图像用覆盖图来修补。

使用图 12-75 所示的置换图像，"置换"滤镜的前后对比效果如图 12-76 所示。

图 12-75   置换

图 12-76   "置换"前后对比

12.8.10   课堂案例——绘制棒棒糖

本案例通过绘制棒棒糖介绍旋转扭曲滤镜的使用，效果图如图 12-77 所示。

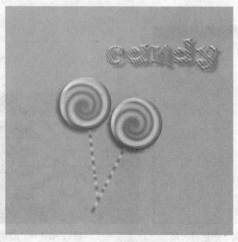

图 12-77   绘制棒棒糖

操作步骤如下。

STEP 1 新建文件，长宽均为 600 像素，在工具箱中选择渐变工具，选择"橙，黄，橙渐变"，渐变方式为"对称渐变"，在背景图层中拖动，产生图 12-78 所示的渐变。

STEP 2 选中背景图层，执行"滤镜"｜"扭曲"｜"旋转扭曲"命令，产生旋转图案，如图 12-79 所示。

图 12-78 渐变

图 12-79 旋转扭曲

STEP 3 在工具箱中选择椭圆选框工具，绘制圆形选区，如图 12-80 所示。

STEP 4 按 Ctrl+J 组合键复制选区内的图案，并将图层命名为"棒棒糖"，并将背景图层填充青色，如图 12-81 所示。

图 12-80 绘制圆形选区

图 12-81 背景填充

STEP 5 选中"棒棒糖"图层，按 Ctrl+T 组合键变形，将棒棒糖图案缩放到合适大小，如图 12-82 所示。

STEP 6 选中"棒棒糖"图层，添加"斜面浮雕"和"投影"图层样式，如图 12-83 所示。

图 12-82 缩放棒棒糖图案

图 12-83 添加图层

STEP 7 新建图层并命名为"彩色手柄",选中矩形选框工具,绘制出矩形选区,选择渐变工具,设置橙黄相间的渐变,在矩形选区内拖动创建渐变矩形,如图 12-84 所示。

STEP 8 选中"彩色手柄"图层,按 Ctrl+T 组合键变形,将图案变形并移动到合适位置,如图 12-85 所示。

STEP 9 复制"彩色手柄"图层和"棒棒糖"图层,并将两个图层变形移动位置,如图 12-86 所示。

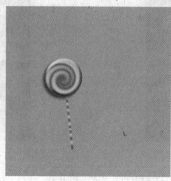
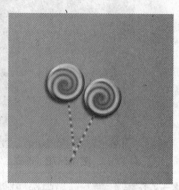

图 12-84 制作彩色手柄　　图 12-85 拖动手柄　　图 12-86 复制两个图层

STEP 10 选择横排文字蒙版工具,录入文本"candy",得到文字选区,新建图层"文字",选择渐变工具,设置橙黄相间的渐变色,给文字选区上色,如图 12-87 所示。

STEP 11 选中"文字"图层,添加"斜面浮雕"和"投影"图层样式,最终效果如图 12-88 所示。

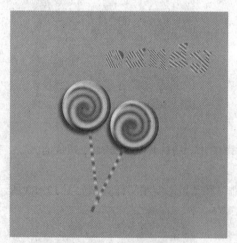
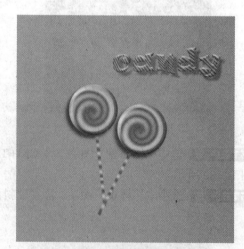

图 12-87 录入文字　　　　　　图 12-88 最终效果

12.9 锐化滤镜组

"锐化"滤镜组共包含 5 种滤镜,它们可以通过增强相邻像素之间的对比度来聚焦模糊的图像,使图像变得清晰,每种滤镜产生的效果如图 12-89 所示。

图 12-89　"锐化"滤镜组

1. USM 锐化

"USM 锐化"滤镜可以调整图像边缘的对比度，并在边缘的每侧制作一条更亮或更暗的线条，产生更清晰的图像，其参数设置如下。

● 数量：用于确定增加像素对比度的数量。

● 半径：用于设置边缘像素周围影响锐化的像素数目。

● 阈值：用于设置锐化的相邻像素必须达到的最低差值，只有色调值之差高于此值的像素才会被锐化，否则不锐化。

2. 进一步锐化

"进一步锐化"滤镜比"锐化"滤镜效果更加显著，可以使图像更加清晰。

3. 锐化

"锐化"滤镜是通过增加相邻像素之间的对比，使图像清晰化。

4. 锐化边缘

"锐化边缘"滤镜只锐化图像的边缘轮廓，图像的整体平滑度保持不变，从而得到比较清晰的效果。

5. 智能锐化

"智能锐化"滤镜是通过设置锐化算法或控制阴影和高光中的锐化量来锐化图像。

12.10　像素化滤镜组

"像素化"滤镜组共包含彩块化、点状化、晶格化和马赛克等 7 种滤镜。每种滤镜产生的效果如图 12-90 所示。

图 12-90　"像素化"滤镜组

1. 彩块化

"彩块化"滤镜可以将图像中的纯色或颜色相近的像素转换为像素色块，生成具有手绘感觉的效果。

2. 彩色半调

"彩色半调"滤镜可以在图像的每个通道上模拟出放大的半调网屏效果。

3. 点状化

"点状化"滤镜可以将图像中的颜色分解为随机分布的网点，和绘画中的点彩画效果一样，网点之间的画布区域以默认的背景色来填充。

4. 晶格化

"晶格化"滤镜可使图像中的色彩像素结块，生成颜色单一的多边形晶格形状。

5. 马赛克

"马赛克"滤镜可使图像中的像素分解，转换成颜色单一的色块，从而生成马赛克效果。

6. 碎片

"碎片"滤镜可将图像中的像素进行平移，使图像产生一种不聚焦的模糊效果。

7. 铜版雕刻

"铜版雕刻"滤镜将在图像中随机分布各种不规则的图案效果。

12.11　渲染滤镜组

"渲染"滤镜组中的滤镜可以在图像中创建三维形状、云彩图案及模拟灯光照射等效果。

1. 分层云彩

"分层云彩"滤镜利用前景色和背景色随机变化，并于图像原来的像素混合生成云彩图案。如图 12-91 所示，左侧是原图，右侧是使用"分层云彩"滤镜后的效果。

图 12-91 "分层云彩"效果对比

2. 光照效果

"光照效果"滤镜可以模拟光线照射在图像上的效果，对图像使用"光照效果"滤镜的效果如图 12-92 所示。

图 12-92 "光照效果"滤镜

3. 镜头光晕

"镜头光晕"滤镜可以模拟光源照射在相机镜头上所产生的折射效果。使用"镜头光晕"滤镜前后对比图如图 12-93 所示。

图 12-93 "镜头光晕"滤镜

4. 纤维

"纤维"滤镜可以使用前景色和背景色创建编织纤维的外观效果。前景色设置为黄色，背景色设置为红色，使用"纤维"滤镜后的效果如图 12-94 所示。

5. 云彩

"云彩"滤镜利用前景色和背景色随机生成云彩图案，生成的云彩图案比较柔和。前景色设置为黄色，背景色设置为红色，使用"云彩"滤镜后的效果如图 12-95 所示。

图 12-94　"纤维"滤镜　　　　　　　图 12-95　"云彩"滤镜

12.12　杂色滤镜组

"杂色"滤镜组中包含 5 种滤镜，它们可以添加或去除杂色或者带有随机分布色阶的像素，创建各种不同的纹理。杂色滤镜组的效果如图 12-96 所示。

图 12-96　"杂色"滤镜组

1. 减少杂色

"减少杂色"滤镜可通过更改图像中的杂色强度、锐化细节等方式，减少图像中的杂色像素，从而产生自然柔和的图像效果。

2. 蒙尘与划痕

"蒙尘与划痕"滤镜是通过改变图像中相异的像素来减少杂色，使图像在清晰化和隐藏的缺陷之间达到平衡。

3. 去斑

"去斑"滤镜可模糊并去除图像中的杂色，同时保留原图的细节。

4. 添加杂色

"添加杂色"滤镜是将一定数量的杂色以随机的方式添加到图像中。

5. 中间值

"中间值"是通过混合图像中像素的亮度来减少杂色。

12.13　课堂案例——绘制水晶花朵

本例通过绘制水晶花朵介绍多种滤镜的使用方法，效果如图 12-97 所示。

操作步骤如下。

STEP 1 新建文件，宽度和高度都设置为 500 像素。

STEP 2 选择黑白渐变，在背景图层中添加黑白渐变，如图 12-98 所示。

STEP 3 执行"滤镜"|"扭曲"|"波浪"命令，设置参数如图 12-99 所示。产生的波浪效果如图 12-100 所示。

图 12-97　绘制水晶花朵

图 12-98　黑白渐变

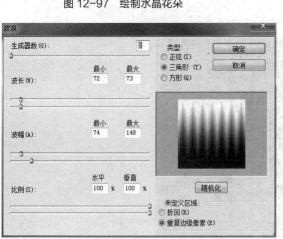

图 12-99　"波浪"对话框

图 12-100　波浪效果

STEP 4 执行"滤镜"|"扭曲"|"极坐标"命令，选择"平面坐标到极坐标"，效果图如图 12-101 所示。

STEP 5 执行"滤镜"|"滤镜库"命令，选择"素描"中的"铬黄"滤镜，设置"细节"和"平滑度"均为 10，效果图如图 12-102 所示。

图 12-101　"平面坐标到极坐标"效果

图 12-102　"铬黄"滤镜

STEP 6 新建图层命名为"调色层"，选择"色谱"渐变，在图层中填充渐变色，如图 12-103 所示。

STEP 7 将"调色层"图层的混合模式设置为"叠加"，得到效果图如图 12-104 所示。

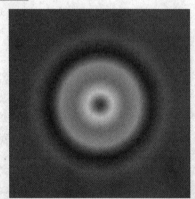
图 12-103　"色谱"渐变

图 12-104　叠加

● 课后习题 1　绘制彩色烟花，效果如图 12-105 所示。

图 12-105　绘制彩色烟花

- 课后习题 2　利用滤镜制作流光特效文字，效果如图 12-106 所示。

图 12-106　流光特效字

- 课后习题 3　给建筑添加湖面倒影效果，效果如图 12-107 所示。

图 12-107　湖面倒影

PART 13

第 13 章
综合实例

13.1　实例一：制作手机 App 界面

本实例通过制作一个读书 App 的界面，学习 App 界面制作的流程和方法，同时也综合练习多种工具的应用。

13.1.1　基础知识要点与制作思路

在制作过程中，首先通过添加素材、更改图层模式、添加图层样式等制作出背景效果，然后运用描边制作底部的按钮，再通过渐变工具等绘制书籍图标，最后通过添加图层样式制作书籍图标摆放效果。

效果图如图 13-1 所示。

图 13-1　效果图

13.1.2 制作步骤

1. 制作背景

具体操作步骤如下。

STEP 1 新建文件，像素大小为 720×1280 像素，分辨率为 72dpi。

STEP 2 按 Ctrl+R 组合键显示标尺，拖几条辅助线，从上到下的位置分别在 50 像素、146 像素、1184 像素，如图 13-2 所示。

STEP 3 新建图层，选择矩形选框工具，在顶端拖动出高为 50 像素的矩形选区，填充黑色。新建图层，在底部拖动出高为 96 像素的矩形选区，填充黑色，效果图如图 13-3 所示。

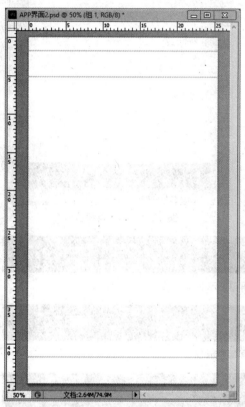

图 13-2　拖出辅助线

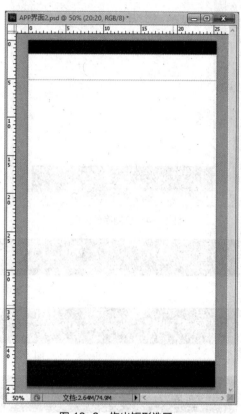

图 13-3　拖出矩形选区

STEP 4 新建图层，选择椭圆选框工具，绘制小圆圈选区，然后用白色描边；选择矩形选框工具，绘制小正方形选区，然后用白色描边；选择多边形套索工具，绘制小三角形选区，然后用白色描边，如图 13-4 所示。

STEP 5 选择文字工具，设置字体为微软雅黑，大小为 18 点，颜色为白色，添加文字"中国移动 4G"放置在左侧，添加文字"20：20"放置在右侧，如图 13-5 所示。

STEP 6 新建图层，选择矩形选框工具，绘制长方形选区，然后用白色描边，如图 13-6 所示。在白色矩形内部绘制长方形选区，填充白色，如图 13-7 所示。绘制长方形选区，填充白色，如图 13-8 所示。

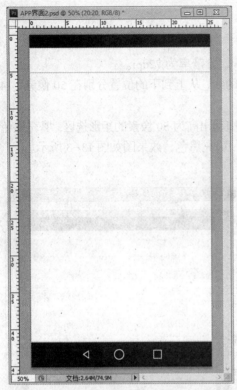

图 13-4　绘制底部按钮

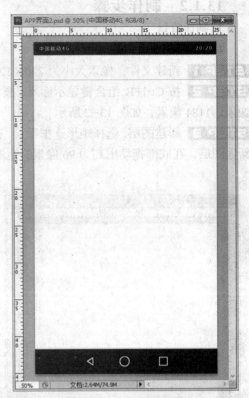

图 13-5　添加屏幕显示 1

中国移动 4 G　　　　　　　　　　　　　　　　　　　　　　□ 20:20

图 13-6　添加屏幕显示 2

中国移动 4 G　　　　　　　　　　　　　　　　　　　　　　□ 20:20

图 13-7　添加屏幕显示 3

中国移动 4 G　　　　　　　　　　　　　　　　　　　　　　□ 20:20

图 13-8　添加屏幕显示 4

STEP 7 新建图层，使用矩形选框工具绘制小长方形，填充白色，如图 13-9 所示。使用同样的方法绘制白色长方形，如图 13-10 所示。最终的背景效果如图 13-11 所示

中国移动 4 G　　　　　　　　　　　　　　　　　　　　, □ 20:20

图 13-9　添加屏幕显示 5

中国移动 4 G　　　　　　　　　　　　　　　　　　　ooll □ 20:20

图 13-10　添加屏幕显示 6

图 13-11　添加屏幕显示 7

2.制作手机 App 主菜单

具体操作步骤如下。

STEP 1 打开素材 01.jpg，选择矩形选框工具，设置样式为"固定大小"，宽度为 720 像素，高度为 96 像素，在图像中拖动，制作合适的选区，如图 13-12 所示。

STEP 2 将选区内的图像用移动工具，移动到手机 App 界面制作的文件中，并将图像移动到相应的位置上，如图 13-13 所示。

图 13-12　制作选区

图 13-13　移动图像

STEP 3 选择上一步建立的图层，添加调整图层"亮度/对比度"，参数设置如图 13-14 所示，改变颜色后的效果图如图 13-15 所示。

STEP 4 选择文字工具，添加文字，添加后的效果如图 13-16 所示。

图 13-14　亮度/对比度调整

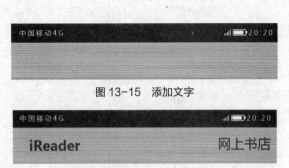

图 13-15　添加文字

图 13-16　调整后效果

3. 制作手机 App 界面背景

具体操作步骤如下。

STEP 1 打开素材 02.jpg，选择矩形选框工具，在图像中拖动出选区，并将选区内的图像移动到 App 界面文件中，将图层命名为"木质背景"，效果如图 13-17 所示。

STEP 2 复制图层"木质背景"，并将图像移动到合适位置，如图 13-18 所示。

图 13-17　制作"木质背景"

图 13-18　复制"木质背景"

STEP 3 将图层"木质背景"放置到图层"木质背景 背景"的上方，添加图层蒙版，并用黑色的画笔涂抹，效果如图 13-19 所示。

STEP 4 新建图层命名为"调整层"，添加 884b2b 到 fff4e7 的对称渐变，如图 13-20 所示。将图层的混合模式设置为"正片叠底"，图层不透明度调整为 40%，效果如图 13-21 所示。

STEP 5 在图层"调整层"上方添加"亮度/对比度"调整图层，设置亮度为 29，对比度为-50，效果如图 13-22 所示。

图 13-19 添加蒙版效果

图 13-20 添加对称渐变

图 13-21 调整后效果

图 13-22 添加"亮度/对比度"调整图层

4. 制作书架层

具体步骤如下。

STEP 1 新建图层"书架",设置前景色为 f5d08f,创建矩形选区,并填充颜色,如图 13-23 所示。

STEP 2 给图层"书架"添加图层样式，设置斜面和浮雕参数如图 13-24 所示，设置投影参数如图 13-25 所示，效果如图 13-26 所示。

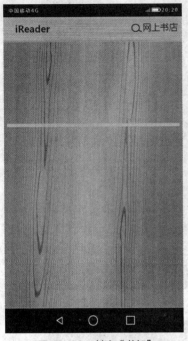

图 13-23 创建"书架"

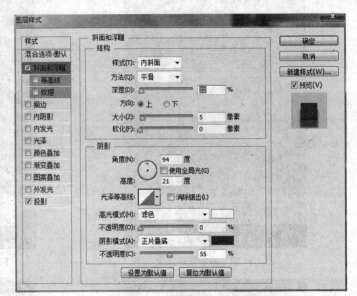

图 13-24 设置斜面和浮雕参数

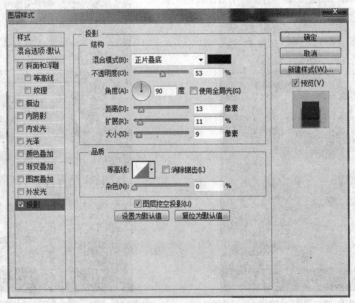

图 13-25 设置投影参数

STEP 3 复制图层"书架"，并用移动工具移动到合适的位置，如图 13-27 所示。

5.绘制书本图标

具体步骤如下。

STEP 1 新建图层"封面"，设置前景色为 f5d08f，创建矩形选区，并填充颜色，如图 13-28 所示。

图 13-26　效果

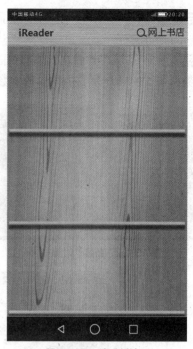

图 13-27　复制书架

STEP 2 给图层"封面"添加图层样式,设置描边大小为 1,颜色为 5b4901,效果如图 13-29 所示,设置投影的参数如图 13-30 所示,效果如图 13-31 所示。

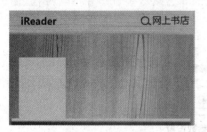

图 13-28　绘制封面

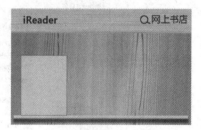

图 13-29　修改效果

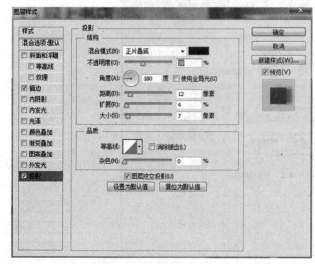

图 13-30　设置投影参数

图 13-31　效果

STEP 3 新建图层"封面左"，设置前景色为 d58903，创建矩形选区，并填充颜色，如图 13-32 所示。

STEP 4 给图层"封面左"添加斜面和浮雕及内阴影样式，如图 13-33 所示，斜面和浮雕的参数如图 13-34 所示，内阴影的参数如图 13-35 所示。

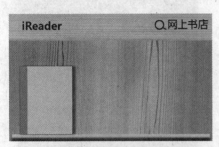

图 13-32　新建"封面左"

图 13-33　添加样式

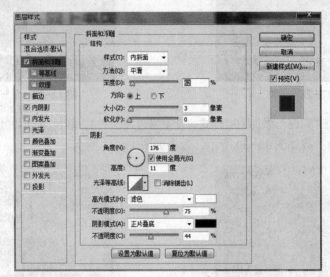

图 13-34　斜面和浮雕参数设置

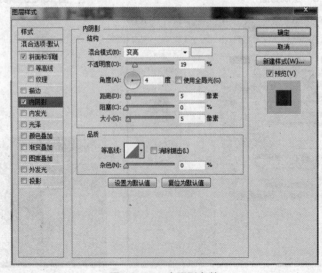

图 13-35　内阴影参数

STEP 5 新建图层，绘制颜色为 b5780d 的竖线，如图 13-36 所示。

STEP 6 新建图层，绘制白色的矩形区域，如图 13-37 所示。

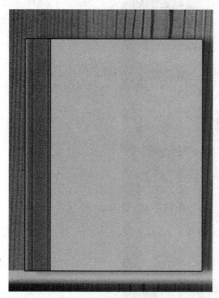

图 13-36　绘制竖线

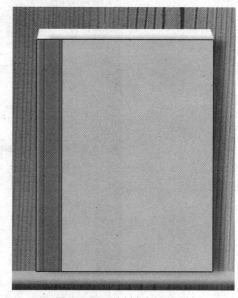

图 13-37　绘制白色矩形区域

STEP 7 新建图层，在白色的矩形区域内添加灰色横线，如图 13-38 所示。

STEP 8 新建文字图层，录入文字，如图 13-39 所示。

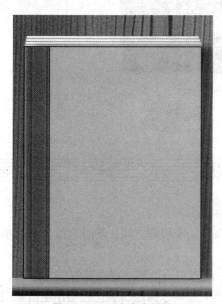

图 13-38　添加灰色横线

图 13-39　录入文字

STEP 9 将所有封面图标的图层合并到一个组，并将组命名为"书籍封面"，复制多个组，并修改书籍名称，效果如图 13-40 所示。

图 13-40　最终效果

13.2　实例二：制作网站页面效果

13.2.1　基础知识要点与制作思路

　　本实例通过制作一个网页界面，学习网页界面制作的流程和方法，同时也综合练习多种工具的应用。

　　在制作过程中，首先通过添加素材、渐变工具、载入白云画笔、蒙板等制作 banner，然后运用圆角矩形、渐变工具制作导航，再通过矩形选框工具、描边、填充等制作左边竖向导航，接着通过路径描边、直线工具、矩形工具制作标题背景，最后通过直线工具和渐变工具制作版权背景。

　　效果图如图 13-41 所示。

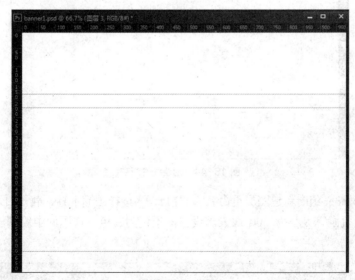

图 13-41 网页效果

13.2.2 制作步骤

1. 制作背景

具体操作步骤如下。

STEP 1 新建文件,像素大小为 980×180 像素,分辨率为 72dpi。

STEP 2 按 Ctrl+R 组合键显示标尺,拖几条参考线,从上到下的位置分别在 180 像素、220 像素、640 像素,如图 13-42 所示。

图 13-42 参考线

2. 制作 banner

STEP 1 新建一个组重命名为 "banner"。在组内新建图层,选择矩形选框工具,在顶端拖动出高为 180 像素的矩形选区,选择渐变工具,将渐变颜色设为深蓝色(#61c1fd)到浅蓝色

（#daedf7）的渐变，渐变类型设为"线性渐变"，如图 13-43 所示。新建一个图层，在矩形选区中由上至下创建一个线性渐变，效果如图 13-44 所示。

图 13-43　渐变编辑

图 13-44　创建线性渐变

STEP 2 在 banner 组内新建图层重命名为"白云"。选择画笔工具，载入白云笔刷，选择白云笔刷画笔，设置画笔大小为 300 像素。设置前景色为白色。在画面中绘制出白云，效果如图 13-45 所示。

图 13-45　白云效果

STEP 3 将建筑物移入到文件中，如图 13-46 所示。

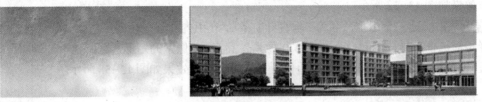

图 13-46 移入建筑物

STEP 4 选中建筑物图层，单击图层面板底部的“添加蒙版”按钮。为该建筑物图层添加蒙版，使用黑色画笔，将建筑物周围图像隐藏，效果如图 13-47 所示。

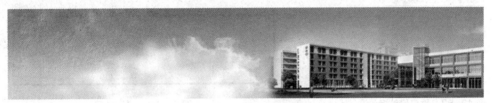

图 13-47 添加矢量蒙版

STEP 5 将左上角的 Logo 移入到文件中，使用横排文字工具，设置文字大小为 28 点，颜色为红色，在文档中输入“电气自动化专业”文字，并设置描边图层样式，描边大小为 2 像素，颜色为白色，位置在外部。鼠标右键单入该图层，拷贝图层样式。同样，输入“2013 年院重点专业验收”，右键单击该图层，粘贴图层样式，效果如图 13-48 所示。

茂名職業技術學院
Maoming Vooational Technical College
电气自动化专业
2013年院重点专业验收

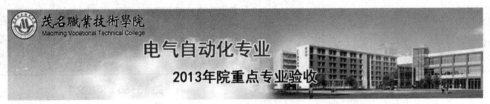

图 13-48 添加文字

3. 制作导航条

STEP 1 新建一个组重命名为“导航条”。选择椭圆工具，设置形状图层，半径为 2 像素，在 banner 下面绘制宽 980 像素，高 40 像素的导航条，效果如图 13-49 所示。

图 13-49 绘制导航条

STEP 2 按住 Ctrl 键单击导航条图层的缩略图，将导航条载入选区。设置前景色为#4c9ef0，背景色为#1891da，选择渐变工具，设置渐变方式为前景到背景渐变。从选区上方往下方垂直拖动。渐变效果如图 13-50 所示。导航条输入文字如图 13-51 所示。

图 13-50 渐变效果

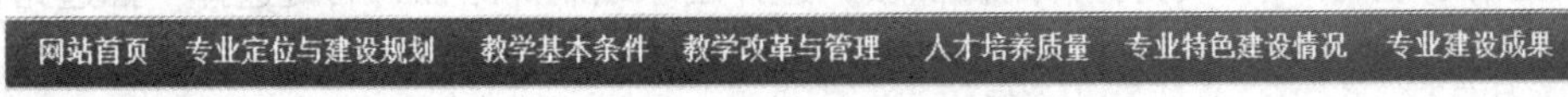
网站首页
专业定位与建设规划
教学基本条件
教学改革与管理
人才培养质量
专业特色建设情况
专业建设成果

图 13-51 输入文字

4.制作垂直导航

效果如图 13-52 所示。

STEP 1 新建一个组重命名为"垂直导航条",在组内新建一个图层重命名为"导航边框"。选择矩形选框工具,绘制一个宽为 270 像素,高为 66 像素的矩形选区,执行"编辑"|"描边"。设置描边颜色为#93c5f6,描边位置在居中。描边效果如图 13-53 所示。

图 13-52 垂直导航条

图 13-53 描边效果

STEP 2 执行"选择"|"修改"|"收缩",设置收缩为 2 像素。新建一个图层重命名为"导航背景",填充颜色为#93c5f6。填充效果如图 13-54 所示。

STEP 3 选择文字工具,设置字体为黑体,大小为 20 点,颜色为白色,文字加粗。添加文字"申报表"在中间。文字效果如图 13-55 所示。

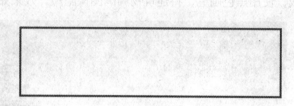

图 13-54 新建"导航背景"

图 13-55 添加文字

STEP 4 复制"垂直导航条"组 5 次,修改组内文字分别为:佐证材料、实训基地建设、获奖情况、师资队伍、教学教改。

5.制作标题背景

效果如图 13-56 所示。

图 13-56 标题背景效果

具体步骤如下。

STEP 1 新建一个组重命名为"标题背景",在组内新建一个图层重命名为"左边蓝色小矩形"。选择矩形工具,设置前景色为#1a83c5。绘制一个蓝色小矩形。并输入"专业简介"文字。

STEP 2 绘制右边的斜线图形。新建一个图层,使用钢笔工具,选择路径模式,绘制 2 个锚点如图 13-57 所示。选择画笔工具,选择一个硬边圆形画笔,大小设置为 1,硬度设置为100。设置前景色为#e6e7e8,打开路径面板,选择刚才绘制的路径,右键选择"描边路径",选择画笔描边,这样就绘制好了一条斜线。

STEP 3 复制斜线图层,并按向右的方向键往右边移动 3 个像素。重复操作,效果如图 13-58

所示。

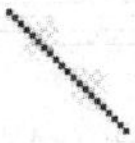

图 13-57　绘制锚点

图 13-58　复制斜线图层

6. 制作版权

STEP 1 新建一个组重命名为“版权”，在组内新建一个图层重命名为“版权上边框”。选择直线工具，设置高为 1 像素，按住 Shift 键水平拖动，绘制为宽 970 像素的直线，效果如图 13-59 所示。

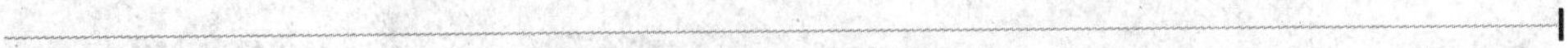

图 13-59　新建“版权上边框”

STEP 2 在组内新建一个图层重命名为“版权背景”。选择矩形选框工具，绘制一个宽为 970 像素，高为 59 像素的矩形选区，选择渐变工具，设置前景色到背景色渐变，色标有 3 个，依次设置为白色、#a1d6ef、白色，渐变设置如图 13-60 所示。渐变类型为线性渐变，渐变效果如图 13-61 所示。

渐变编辑器
预设
确定
复位
载入(L)...
存储(S)...
名称(N):
自定
新建(W)
渐变类型(T):
实底
平滑度(M):
100
%
色标
不透明度:
%
位置:
%
删除(D)
颜色:
位置:
%
删除(D)

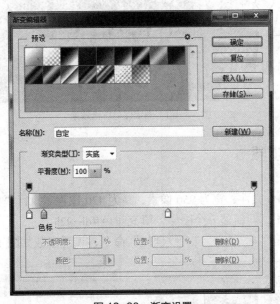

图 13-60　渐变设置

图 13-61　渐变效果

STEP 3 添加文字，如图 13-62 所示。

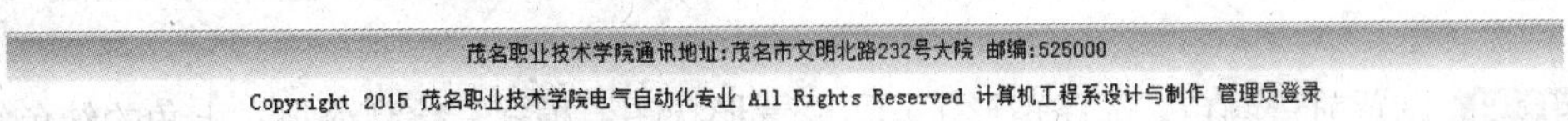
茂名职业技术学院通讯地址:茂名市文明北路232号大院 邮编:525000
Copyright 2015 茂名职业技术学院电气自动化专业 All Rights Reserved 计算机工程系设计与制作 管理员登录

图 13-62　添加文字

13.3 实例三：淘宝促销广告设计

13.3.1 基础知识要点与制作思路

本实例通过制作一个淘宝促销广告页，学习广告制作的流程和方法，同时也综合练习多种工具的应用。

在制作过程中，首先使用滤镜来制作页面的背景，然后添加图片素材，最后添加文字并对文字进行变形设置，效果图如图 13-63 所示。

图 13-63 淘宝促销广告效果

13.3.2 制作步骤

具体操作步骤如下。

STEP 1 新建一个 PS 文件，宽为 950 像素，高为 470 像素。执行"文件"|"保存"命令，将该文件保存为"海报 1"。新建一个图层，填充颜色#dba925。

STEP 2 单击"滤镜"|"纹理"|"纹理化"命令，设置参数如图 13-64 所示。

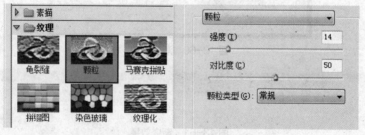

图 13-64 设置参数

STEP 3 添加卡通素材，将卡通素材移入到文件左下角的合适位置，效果如图 13-65 所示。

STEP 4 设置前景颜色。选择矩形工具，设置形状图层模式，绘制海报左上角的红色矩形，如图 13-66 所示。

图 13-65　添加素材

图 13-66　设置前景色

STEP 5 选中刚才绘制的"红色矩形"图层，栅格化图层。并双击该图层，设置该图层的投影样式。投影参数参考如图 13-67 所示。

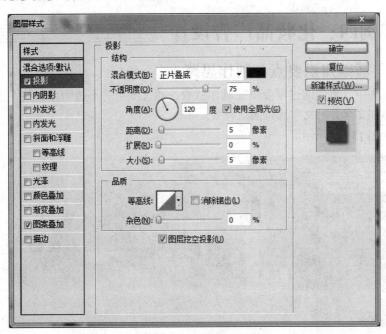

图 13-67　投影参数

STEP 6 新建图层，使用"钢笔工具"的路径，通过单击钢笔来绘制"68 元起"文字后面的背景形状的路径，如图 13-68 所示。在该路径上单击右键，选择"建立选区"，如图 13-69 所示。为该选区填充红色，如图 13-70 所示。制作投影的图层样式，参数为：角度为 120，距离为 5，扩展为 0，大小为 5。

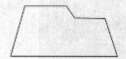

图 13-68　绘制路径

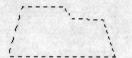

图 13-69　建立选区

图 13-70　填充红色

STEP 7 新建图层，使用"钢笔工具"绘制 1 个三角形路径，如图 13-71 所示。在该路径上单击右键，选择"建立选区"。为该选区填充黑色，效果如图 13-72 所示。

STEP 8 使用 T 工具输入文字"我和我的小伙伴们都惊呆了"。设置文字为黑体，文字大小为 70 点。栅格化文字。

STEP 9 执行"编辑"|"变换"|"变形"命令，通过拖动端点设置文字的变形如图 13-73 所示。整个淘宝广告效果如图 13-63 所示。

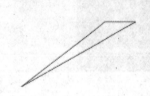

图 13-71　绘制三角形路径

图 13-72　建立选区并填充

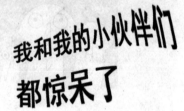

图 13-73　设置文字变形

13.4　实例四：化妆品广告设计

13.4.1　基础知识要点与制作思路

在制作过程中，首先通过渐变填充制作背景，通过图层的不透明度调整设置图像的显示效果，然后添加文字并对文字添加图层样式。

效果图如图 13-74 所示。

图 13-74　化妆品广告设计

13.4.2　制作步骤

具体操作步骤如下。

STEP 1 新建一个 PS 文件，宽为 600 像素，高为 250 像素，分辨率为 72dpi，文件名为"淘宝广告 2"。

STEP 2 新建一个图层，命名为"橙色渐变背景"，设置渐变颜色如下并填充。设置渐变颜色为3个色标。①第1个色标：颜色：#9a4a03，位置为0。②第2个色标：颜色：c89c32，位置为13。③第3个色标：颜色：#f8f2e4，位置为100。设置如图13-75所示，效果如图13-76所示。

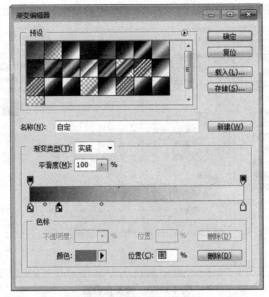

图 13-75 设置色标

图 13-76 设置后效果

STEP 3 在 Photoshop 软件里打开银杏叶素材，拖入到淘宝广告2文档的右下方位置。设置该图层的不透明度为20%，并将化妆品移入到文件，效果如图13-77所示。

图 13-77 移入文件

STEP 4 在 PS 软件里打开文字 1 素材（植源草本文字），拖入到淘宝广告 2 文档的左上角位置。设置图层样式为描边：设置描边大小为 2，位置为外部，颜色为白色。设置图层样式为外发光。外发光的颜色为"白色到透明的渐变"，扩展为 20%，大小为 4 像素。设置如图 13-78 所示，效果如图 13-79 所示。

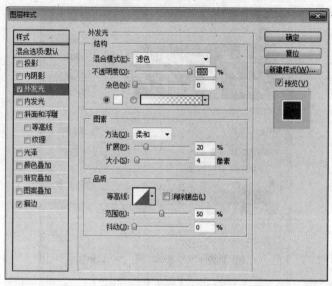

图 13-78　外发光设置

STEP 5 添加文字 2 素材（点亮肌肤光彩，定格活力青春），双击图层，打开图层样式，选择投影命令，设置投影命令的参数：角度 120，距离 2，扩展为 0，大小为 2。投影参数设置如图 13-80 所示。最后完成的广告效果如图 13-74 所示。

图 13-79　设置后效果

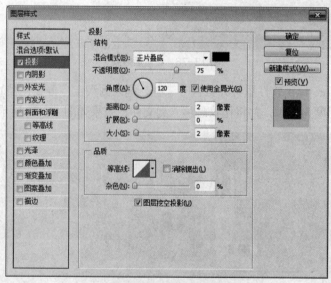

图 13-80　投影参数设置